高等职业教育测绘地理信息类规划教材

数字化地形地籍成图软件应用

主　编　王根伟　唐　丹　王泳颖
副主编　覃豪杰　乔　伟　王　欢
参　编　黄小花　张剑波　杨昆谕　刘晓晓
　　　　甘祥前　罗斯琪　黄颀钧

武汉大学出版社

图书在版编目(CIP)数据

数字化地形地籍成图软件应用/王根伟,唐丹,王泳颖主编.—武汉:武汉大学出版社,2024.5
高等职业教育测绘地理信息类规划教材
ISBN 978-7-307-24323-1

Ⅰ.数… Ⅱ.①王… ②唐… ③王… Ⅲ.①地理信息系统—应用—地形测量—高等职业教育—教材 ②地理信息系统—应用—地籍测量—高等职业教育—教材 Ⅳ.①P217-39 ②P271-39

中国版本图书馆 CIP 数据核字(2024)第 052893 号

责任编辑:胡 艳　　责任校对:李孟潇　　版式设计:马 佳

出版发行:武汉大学出版社　　(430072 武昌 珞珈山)
(电子邮箱:cbs22@whu.edu.cn 网址:www.wdp.com.cn)
印刷:武汉乐生印刷有限公司
开本:787×1092　1/16　印张:13　字数:320 千字　插页:1
版次:2024 年 5 月第 1 版　2024 年 5 月第 1 次印刷
ISBN 978-7-307-24323-1　定价:39.00 元

版权所有,不得翻印;凡购买我社的图书,如有质量问题,请与当地图书销售部门联系调换。

前 言

本教材根据数字化测量的实际过程，理论联系实际，从地形图测绘、CASS_3D裸眼立体测图、不动产地籍测绘三个方面，对全野外数字化测量和数字化成图的过程进行了阐述，介绍了数字化测图的基本概念及 AutoCAD 绘图的基础知识，以及土地利用、工程应用、CAD 个性化自定义、数据质检、CASS 与其他主要地理信息数据库进行交换的过程和方法；同时，结合 CASS 10.1 软件，介绍了进行二次开发的相关内容。

本教材所引用的规范和技术标准有国家的、行业的，也有一些是地方的，这些规范和标准会不断更新，书中介绍的应用软件也会不断升级为更高版本，因此书中所列的一些技术参数和各种技术规定可供学习参考，但不宜作为规范和技术标准在实际工作中直接引用。

本教材力求融入工匠精神、求实创新、团队意识、质量意识、标准意识、文化自信、勇于奉献等思政元素，以期实现思政要素和德育功能与教学过程相融合，达到思想政治教育与专业教育协同育人的目标。

本教材在编写过程中参阅了大量文献，引用了同类文献中的一些资料，得到广州南方测绘科技股份有限公司的支持，在此谨向有关作者及支持单位表示谢意！

由于作者水平有限，书中不妥和错漏之处在所难免，恳请读者批评指正。

真诚希望读者向我们反馈使用该书过程中发现的问题和建议，以便及时修订更正。

编 者
2024 年 5 月

目 录

项目 1　认识 CASS 软件 ··· 1
　任务 1.1　AutoCAD 软件概述 ······························· 1
　任务 1.2　CASS 软件概述 ···································· 2
　任务 1.3　软件安装 ·· 2

项目 2　地形图测绘 ··· 7
　任务 2.1　数字化测图的准备工作 ····························· 8
　任务 2.2　绘图环境设置 ····································· 13
　任务 2.3　绘制平面图 ······································· 18
　任务 2.4　地貌绘制 ··· 28
　任务 2.5　地图编辑与整饰（地物编辑） ······················ 35
　任务 2.6　图形分幅 ··· 41
　任务 2.7　图幅整饰 ··· 42
　思考题 ·· 42

项目 3　CASS_3D 裸眼立体测图 ································ 43
　任务 3.1　CASS_3D 裸眼成图基本操作 ······················· 43
　任务 3.2　交通路网测图 ····································· 51
　任务 3.3　水系设施测图 ····································· 54
　任务 3.4　居民地测图 ······································· 56
　任务 3.5　独立地物测图 ····································· 59
　任务 3.6　土质植被绘图 ····································· 60
　任务 3.7　管线设施测图 ····································· 61
　任务 3.8　高程点、等高线 ··································· 62
　思考题 ·· 64

项目 4　不动产地籍测绘 ·· 65
　任务 4.1　绘制地籍平面图 ··································· 65

任务 4.2　生成权属信息数据文件 ································ 66
　　任务 4.3　绘权属地籍图 ·· 70
　　任务 4.4　宗地属性处理 ·· 72
　　任务 4.5　宗地图输出 ·· 73
　　任务 4.6　地籍表格输出 ·· 75
　　思考题 ··· 77

项目 5　土地利用 ·· 78
　　任务 5.1　土地详查 ·· 78
　　任务 5.2　土地勘测定界 ·· 86
　　任务 5.3　公路征地应用 ·· 90
　　任务 5.4　土地勘测定界成果输出 ·· 94
　　思考题 ··· 96

项目 6　工程应用 ·· 97
　　任务 6.1　基本几何要素的查询 ·· 97
　　任务 6.2　土方量的计算 ·· 104
　　任务 6.3　断面图的绘制 ·· 119
　　任务 6.4　公路曲线设计 ·· 121
　　任务 6.5　面积应用 ·· 125
　　任务 6.6　图数转换 ·· 127
　　思考题 ··· 129

项目 7　个性化自定义 ·· 130
　　任务 7.1　自定义符号 ·· 130
　　任务 7.2　自定义宗地图框 ·· 139
　　任务 7.3　自定义报表 ·· 141
　　思考题 ··· 148

项目 8　数据质检 ·· 149
　　任务 8.1　编制数据质检方案 ·· 149
　　任务 8.2　数据质检 ·· 157
　　任务 8.3　质检报告分析 ·· 164
　　思考题 ··· 166

项目 9 数据交换 …… 167
任务 9.1 Google Earth 数据交换 …… 167
任务 9.2 ArcGIS 数据交换 …… 171
任务 9.3 MapGIS 数据交换 …… 177
思考题 …… 179

项目 10 CASS 软件二次开发 …… 180
任务 10.1 AutoCAD 二次开发软件简介 …… 180
任务 10.2 AutoLISP 简介 …… 184
任务 10.3 AutoLISP 在测绘中的应用 …… 191
思考题 …… 200

参考文献 …… 201

项目1　认识 CASS 软件

本项目将介绍 AutoCAD 和南方 CASS 软件。通过学习本项目，可了解 AutoCAD 的发展历程、特点以及应用领域，同时掌握 CASS 软件的基本情况。

【学习目标】

素质目标：激发学生对数字化测绘技术的兴趣和热爱，培养学生自主探究和团队协作的精神。

知识目标：掌握 AutoCAD 的基本概念、功能和安装方法，了解 CASS 软件的基本情况及安装方法。

【学习重点】

(1) AutoCAD 的发展历程和特点；

(2) CASS 软件的基本情况。

任务 1.1　AutoCAD 软件概述

AutoCAD(Autodesk Computer Aided Design)是美国 Autodesk 公司于 1982 年生产的自动计算机辅助设计软件，用于二维绘图、详细绘制、设计文档和基本三维设计，现已经成为国际上广为流行的绘图工具。AutoCAD 具有良好的用户界面，通过交互菜单或命令行方式便可以进行各种操作。它的多文档设计环境，让非计算机专业人员也能很快地学会使用，在不断实践的过程中更好地掌握它的各种应用和开发技巧，从而不断提高工作效率。AutoCAD 具有广泛的适应性，它可以在各种操作系统支持的微型计算机和工作站上运行。

AutoCAD 的特点如下：

(1) 具有完善的图形绘制功能；

(2) 具有强大的图形编辑功能；

(3) 可以采用多种方式进行二次开发或用户定制；

(4) 可以进行多种图形格式的转换，具有较强的数据交换能力；

(5) 支持多种硬件设备；

(6) 支持多种操作平台；

(7) 具有通用性、易用性，适用于各类用户。此外，从 AutoCAD 2000 开始，该系统增添了许多强大的功能，如 AutoCAD 设计中心(ADC)、多文档设计环境(MDE)、Internet 驱动、新的对象捕捉功能、增强的标注功能以及局部打开和局部加载的功能。

任务1.2　CASS软件概述

CASS地形地籍成图软件是基于AutoCAD平台技术的数字化测绘数据采集系统。

CASS广泛应用于地形成图、地籍成图、工程测量应用三大领域，且全面面向GIS，彻底打通数字化成图系统与GIS接口，使用骨架线实时编辑、简码用户化、GIS无缝接口等先进技术。

CASS软件自推出以来，已经成为用户量最大、升级最快的主流成图系统。

CASS 10.1是CASS软件的常用版本，以AutoCAD 2016为平台，同时适用于其他AutoCAD版本。

CASS的版本很多，可以满足不同用户的需求，一般从以下四个方面来分类：

（1）软件锁是否注册。软件分为准版和正版。准版就是试用版，一般只有六十多次的试用次数，开关一次CASS，就会减少一次试用次数。准版的功能和正版无区别，正版就是经过注册、无次数限制的。

（2）比例尺。CASS的符号库分大比例尺（1∶500、1∶1000、1∶2000）和中小比例尺（1∶5000、1∶10000），程序也就分为大比例尺版和中小比例尺版。

（3）软件锁节点。从软件锁能使用的节点数分，CASS可分为单机版和网络版。

（4）是否定制。CASS经过十余年的市场磨合，为不同的用户量身定制了各种版本。这些版本统称为地方版或定制版，以区别于标准版。这些版本只在特定的单位使用，单独加密。现在已有几十个定制的版本。定制版一般不升级。

任务1.3　软件安装

1.3.1　AutoCAD 2016安装

双击运行AutoCAD 2016安装包，如图1-1所示。

图1-1　软件安装包

点击后,在弹出的"解压到"界面选择解压路径并点击"确定"(可直接默认路径),如图 1-2 所示。

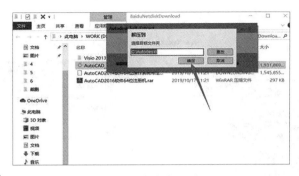

图 1-2　软件解压缩

解压完成后,在弹出的界面点击"安装",如图 1-3 所示。

点击后,在弹出的许可协议界面勾选"我接受",然后点击"下一步",如图 1-4 所示。

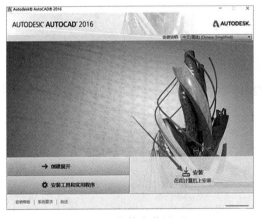

图 1-3　软件安装界面

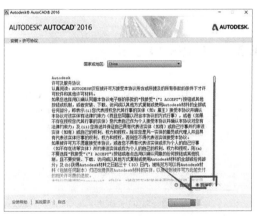

图 1-4　许可协议界面

点击后,在弹出的产品信息界面输入产品密钥并点击"下一步",如图 1-5 所示。

点击后,在弹出的配置安装界面勾选需要安装的组件,然后点击"安装",如图 1-6 所示。

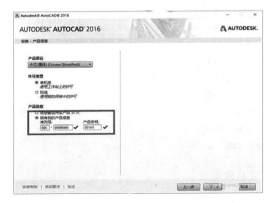

图 1-5　输入密钥

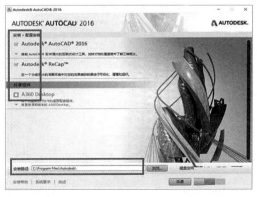

图 1-6　选择组件

点击"安装"后,弹出安装进度界面,在该界面等待程序安装完成,如图 1-7 所示。程序完成后,在弹出的界面点击"完成"即可,如图 1-8 所示。

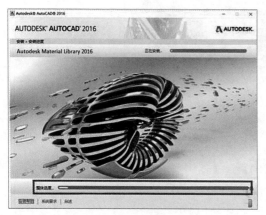

图 1-7　安装进度界面

图 1-8　安装完成

1.3.2　CASS 10.1 安装

鼠标右击"CASS 10.1 安装程序 AutoCAD2010-2022 x64",在弹出的菜单中安装程序,选择"以管理员身份运行",如图 1-9 所示。

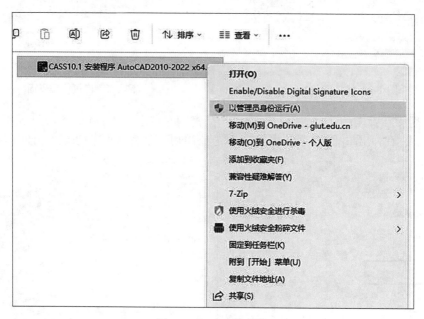

图 1-9　打开安装程序

安装程序开始准备，如图 1-10 所示。

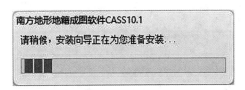

图 1-10　安装程序准备

安装准备好后，显示许可协议界面，如图 1-11 所示。

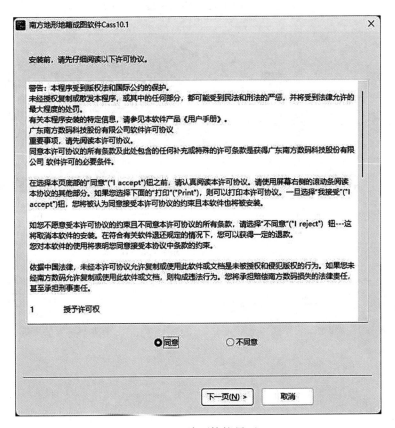

图 1-11　许可协议界面

点击"同意""下一步"后，出现安装路径选择界面，如图 1-12 所示，点击"浏览"可修改安装路径，默认为 C 盘，建议将安装路径改为 D 盘，路径中不要出现中文，设置好安装路径后点击"下一步"。

如图 1-13 所示，点击"开始安装"。

安装程序完成后出现图 1-14 所示的界面，点击"安装完成"。

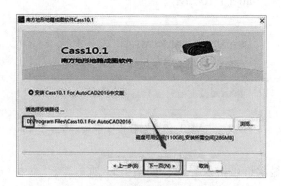

图 1-12 安装路径

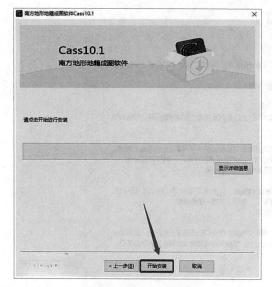

图 1-13 开始安装界面

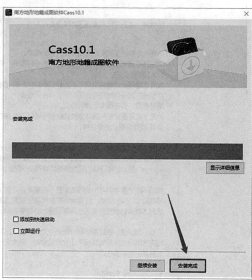

图 1-14 安装完成

项目 2 地形图测绘

本项目将介绍数字化测图的准备工作,进而学习绘制平面图,绘制等高线(绘制地形图),编辑图形等地形测图的基本技巧。

【学习目标】

素质目标:培养学生学习地理信息科学的兴趣,增强学生对国家基础测绘工作的认识,提高学生的社会责任感和使命感。

知识目标:了解地形图测绘的基本概念、原理和方法,掌握碎部测量和测区分幅的技能,熟悉数字化测图的数据采集和处理流程。

技能目标:能够根据实际需求选择合适的测绘方法,进行地形图的测制和编辑,具备初步的地理信息数据处理和分析能力。

【学习重点】

(1)地形图测绘的基本原理和方法;

(2)碎部测量和测区分幅的操作流程和注意事项;

(3)数字化测图的数据采集和处理方法;

(4)地形图的编辑和整饰技巧。

【学习难点】

(1)地形图测绘的原理和方法,特别是对地形图的图式和符号的认识;

(2)碎部测量和测区分幅的操作技能,需要掌握测量学和地图学的基础知识;

(3)数字化测图的数据采集和处理流程,需要掌握相关软件的操作方法和数据处理技巧;

(4)地形图的编辑和整饰技巧,需要具备一定的美感和设计能力。

地形图测绘是指在控制测量工作之后,以控制点为测站,测定其周围的地物、地貌特征点的平面位置和高程,按测图比例尺缩绘在图纸上,并根据地形图图式规定的符号,勾绘出地物、地貌的位置、形状和大小,形成地形图。

地形图测绘的方法有传统测绘方法,包括经纬仪测绘法、小平板仪与经纬仪联合测绘法和大平板仪测绘法,还有摄影测量、全站仪测绘和 RTK 测绘等现代测绘方法。

CASS 10.1 提供了内外业一体化成图、电子平板成图和老图数字化成图等多种成图作业模式。本项目主要介绍内外业一体化成图作业模式。

任务 2.1 数字化测图的准备工作

2.1.1 控制测量和碎部测量原则

当在一个测区内进行等级控制测量时，应该尽可能多选制高点(如山顶或楼顶)，在规范或甲方允许范围内布设最大边长，以提高等级控制点的控制效率。完成等级控制测量后，可用辐射法布设图根点，点位及点之密度完全按需要而测设，灵活多变。如图 2-1 所示，对于整个 9 幅图来说，总共布设了 22 个控制点，除去图幅外的点，平均每幅图最多 4 个控制点。

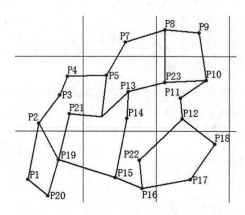

图 2-1 某数字化测图工程的控制网略图

在进行碎部测量时，对于比较开阔的地方，在一个制高点上可以测完大半幅图，就不要因为距离"太远"(其实也不过几百米)而忙于搬站，如图 2-2 所示。对于比较复杂的地方，就不要因为"麻烦"(其实也浪费不了几分钟)而不愿搬站，如图 2-3 所示。

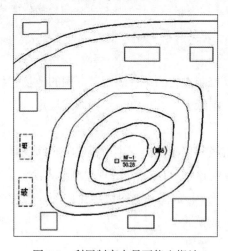

图 2-2 利用制高点尽可能少搬站

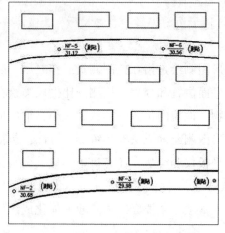

图 2-3 地物较多时可能要经常搬站

2.1.2 测区分幅及进程

平板测图是把测区按标准图幅划分成若干幅图,再一幅一幅地往下测,如图 2-4 所示。

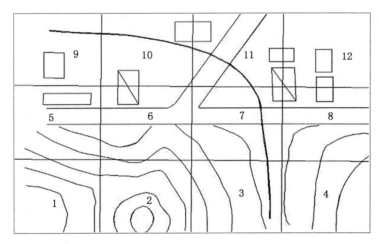

图 2-4 平板测图的分幅

数字化测图是分块测的,如图 2-5 所示。

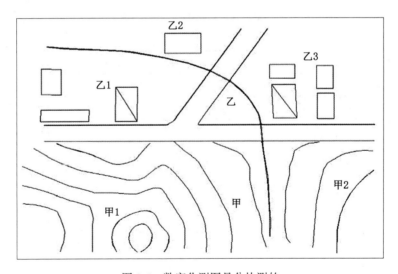

图 2-5 数字化测图是分块测的

2.1.3 碎部测量

数字化测图的碎部测量数据采集一般用全站仪或 RTK 等仪器进行，当地物比较规整时，如图 2-6 所示，可以采用"简码法"模式，在现场可输入简码，到室内自动成图。当地物比较杂乱时，如图 2-7 所示，最好采用"草图法"模式，现场绘制草图，室内用编码引导文件或用测点点号定位方法成图。

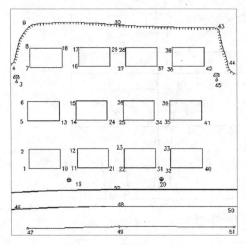

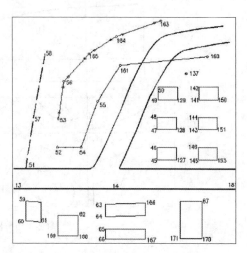

图 2-6 地物比较规整的情况　　　　　　图 2-7 地物比较杂乱的情况

与图 2-6 对应的各测点的简码如下：

1	F2	14	F2	27	F2	40	−7
2	+	15	+	28	+	41	−5
3	A70	16	F2	29	11+	42	−3
4	K0	17	+	30	−20	43	−12
5	F2	18	9+	31	−8	44	−
6	+	19	A26	32	F2	45	A70
7	F2	20	A26	33	+	46	X0
8	+	21	−9	34	−8	47	D3
9	−4	22	F2	35	F2	48	1+
10	−8	23	+	36	+	49	1+
11	F2	24	−9	37	−9	50	1+
12	+	25	F2	38	F2	51	1+
13	−7	26	+	39	+	52	1P

图 2-7 室内用编码引导文件的样本如下：

D1，53，56，165，164，163
D3，52，54，55，161，160
X2，51，57，58
……
F2，67，170，171
A30，137

当所测地物比较复杂时，如图 2-8 所示，为了减少镜站数量，提高效率，可适当采用皮尺丈量方法测量，室内用交互编辑方法成图。需要注意的是，当待测点的高程不参加高程模型的计算时，在 CASS 10.1 中可利用“数据—坐标显示与打印”菜单功能，将“参加建模”一项设置为“否”，设置方法如图 2-9 所示。

图 2-8　复杂地物可用皮尺丈量方法测量

	点名	编码	参加建模	展高程	东坐标	北坐标	高程
1	1		是	是	53414.28	31421.88	39.555
2	2		是	是	53387.8	31425.02	36.8774
3	3		是	是	53359.06	31426.62	31.225
4	4		是	是	53348.04	31425.53	27.416
5	5		是	是	53344.57	31440.31	27.7945
6	6		是	是	53352.89	31454.84	28.4999
7	7		是	是	53402.88	31442.45	37.951
8	8		是	是	53393.47	31393.86	32.5395
9	9		是	是	53358.85	31387.57	29.426
10	10		是	是	53358.59	31376.62	29.223
11	11		是	是	53348.66	31364.21	28.2538
12	12		是	是	53362.8	31340.89	26.8212
13	13		是	是	53335.73	31347.62	26.2299
14	14		是	是	53331.84	31362.69	26.6612

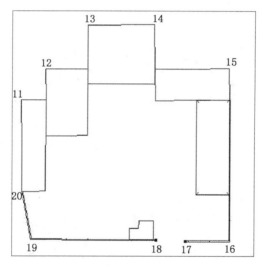

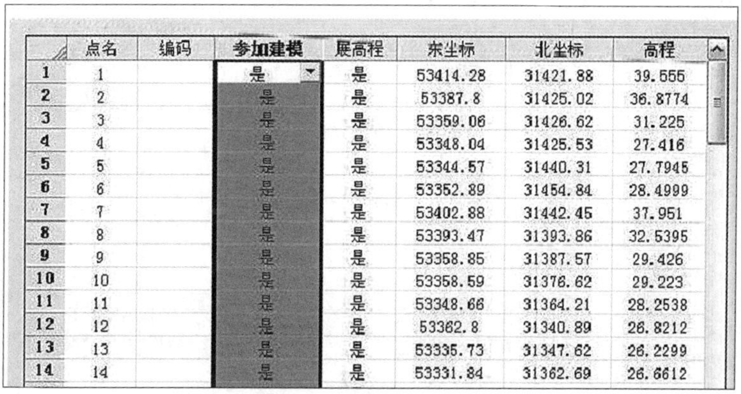

图 2-9　高程点建模设置

注：在 CASS 6.1 以下版本，应在数据采集过程中对高程是否参加建模予以控制，在 NFSB 上，将觇标高置为 0，则待测点的高程就自动为 0；若使用测图精灵采集，则在同步采集面板上选择"不参加建模"选项，建模中这些点的高程不参加建模计算。在进行地貌采点时，可以用多镜测量，一般在地性线上要采集足够密度的点，尽量多观测特征点。如图 2-10 所示，如在沟底测了一排点，也应该在沟边再测一排点，这样生成的等高线才真实；而在测量陡坎时，最好坎上坎下同时测点，这样生成的等高线才能真实地反映实际地貌。在其他地形变化不大的地方，可以适当放宽采点密度。

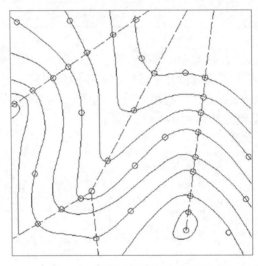

图 2-10　地貌采点要采集特征点

2.1.4　人员安排

根据 CASS 10.1 的特点，一个作业小组可配备：测站 1 人，镜站 1~3 人，领尺员 2 人；如果配套使用测图精灵，则一般测站 1 人，镜站 1~3 人即可，无须领尺员。如图 2-11 所示，根据地形情况，镜站可用单人或多人。领尺员负责画草图和室内成图，是核心成员，一般外业 1 天，内业 1 天，2 人轮换，也可根据本单位实际情况自由安排(有些单位在任务紧时，白天进行外业工作，晚上进行内业工作)。

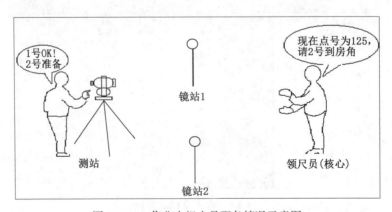

图 2-11　一作业小组人员配备情况示意图

需要注意的是，领尺员必须与测站保持良好的通信联系(可通过对讲机)，使草图上的点号与手簿上的点号一致。

2.1.5 文件管理

数字化测图的内业处理涉及的数据文件较多。因此，进入 CASS 10.1 成图系统后，将会输入各种各样的文件名，为减少内业工作中不必要的麻烦，最好养成一套较好的命名习惯。建议采用如下命名约定：

1. 简编码坐标文件

(1)由手簿传输到计算机中带简编码的坐标数据文件，建议采用"＊JM.DAT"格式；

(2)由内业编码引导后生成的坐标数据文件，建议采用"＊YD.DAT"格式。

2. 坐标数据文件

坐标数据文件是由手簿传输到计算机的原始坐标数据文件的一种，建议采用"＊.DAT"格式。

3. 引导文件

由作业人员根据草图编辑的引导文件，建议采用"＊.YD"格式。

4. 坐标点(界址点)坐标文件

坐标点(界址点)坐标文件是由手簿传输到计算机的原始坐标数据文件的一种，建议采用"＊.DAT"格式。

5. 权属引导信息文件

作业人员在作权属地籍图时根据草图编辑的权属引导信息文件，建议采用"＊DJ.YD"格式。

6. 权属信息文件

权属信息文件指由权属合并或由图形生成权属形成的文件，建议采用"＊.QS"格式。

7. 图形文件

凡是在 CASS 10.1 绘图系统生成的图形文件，规定采用"＊.DWG"格式。

任务 2.2　绘图环境设置

在利用 CASS 软件绘制地形图之前需要先对绘图环境进行设置，比如设置绘图比例尺，设定显示区以及一些绘图参数等内容。

2.2.1　CASS 参数设置

CASS 10.1 参数配置对话框可用来设置 CASS 10.1 的各种参数，用户通过设置该菜单选项，可自定义多种常用设置。

操作：用鼠标左键点击"文件"菜单的"CASS 参数配置"项，系统会弹出一个对话框，如图 2-12 所示。

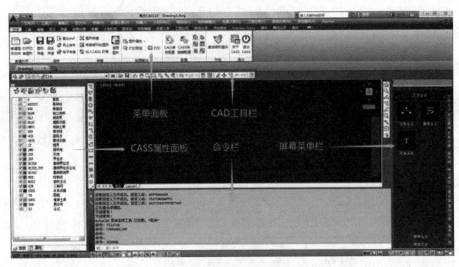

图 2-12　参数设置对话框

1. 地物绘制参数设置

高程点注记：设置展绘高程点时高程点注记小数点后的位数。

斜坡短坡线长度：设置自然斜坡的短线是按新图式的固定 1 mm 长度还是旧图式的长线一半长度。

电杆间连线：设置是否绘制电力电信线电杆之间的连线。

斜坡底线提示：是否提示绘制斜坡底线。

围墙是否封口：设置是否将依比例围墙的端点封闭。

围墙两边线间符号：设置依比例围墙两边线间的符号样式。

连续绘制：是否默认为连续绘制地物。

展点注记：设置展点注记的类型。

填充符号间距：设置植被或土质填充时的符号间距，缺省为 20 mm。

高程点字高：设置高程点注记字体高度。

陡坎默认坎高：设置绘制陡坎后提示输入坎高时默认的坎高。

展点号字高：设置野外测点点号的字高。

文字宽高比：设置一般文字注记宽高比。

建筑物字高：设置房屋结构和层数注记文字字高。

高程注记字体：设置高程注记默认字体。

流水线步长：设置流水线的步长，默认值为 1 mm。

道路、桥梁、河流：设置道路、桥梁、河流时的绘制方式，包括边线生成、中心线生成、生成中心线和生成面。

2. 电子平板设置

电子平板选项如图 2-13 所示。

提供"手工输入观测值"和 7 种全站仪让用户在使用电子平板作业时选用。

展点高程：设置电子平板操作时，展绘高程点还是点号。

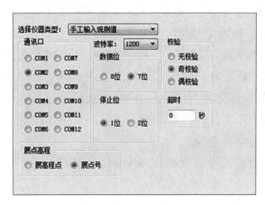

图 2-13　电子平板选项

3. 高级设置

高级设置选项如图 2-14 所示。

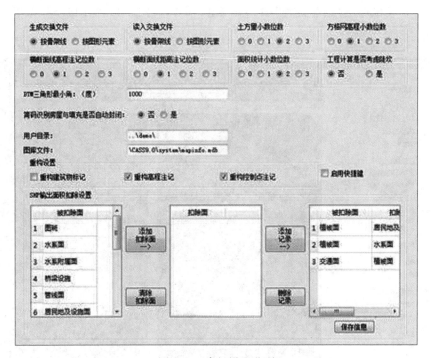

图 2-14　高级设置选项

生成交换文件：按骨架线或者按图形元素生成。
读入交换文件：按骨架线或者图形元素读入。
土方量小数位数：土方计算时，计算结果的小数位数设定。
方格网高程小数位数：生成方格网时，显示的高程小数位数。
横断面线高程注记位数：设置横断面线的高程注记位数。
横断面线距离注记位数：设置横断面线的距离注记位数。

工程计算是否考虑陡坎：设置工程计算时，是否考虑陡坎。

DTM 三角形最小角：设置建三角网时三角形内角可允许的最小角度。系统默认为 10 度，若在建三角网过程中发现有较远的点无法联上时，可将此角度改小。

简码识别房屋与填充是否自动封闭：设置简码法成图时，房屋是否封闭。

用户目录：设置用户打开或保存数据文件的默认目录。

图库文件：设置两个库文件的目录位置，注意库名不能改变。

重构设置：定义重构设置选项。

SHP 输出面积扣除设置：导出成 SHP 文件时，设置要扣除面积的地物，可减少后期的拓扑错误。

2.2.2　设定显示区

设定显示区的作用是根据输入坐标数据文件的数据大小定义屏幕显示区域的大小，以保证所有点可见。

首先，移动鼠标至"绘图处理"项，按左键，即出现图 2-15 所示的下拉菜单。

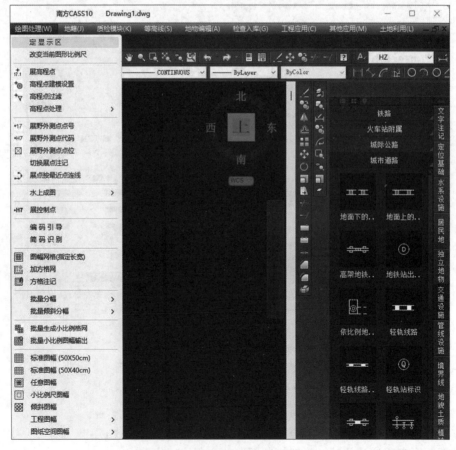

图 2-15　"绘图处理"下拉菜单

然后，选择"定显示区"项，按左键，在弹出的对话框中输入碎部点坐标数据文件名。可直接通过键盘输入，如在"文件名"输入栏内输入 C:\CASS 10.1\DEMO\YMSJ.DAT，再点击"打开"按钮；也可参考 Windows 选择打开文件的操作方法操作。这时，命令区显示：

最小坐标(米)X = 87.315，Y = 97.020

最大坐标(米)X = 221.270，Y = 200.00

2.2.3 改变测图比例尺

CASS 10.1 根据输入的比例尺调整图形实体，具体为修改符号和文字的大小、线型的比例，并且会根据骨架线重构复杂实体。

操作：移动光标到"绘图处理"→"改变当前图形比例尺"（见图 2-16），执行此命令后，命令区会有提示信息。

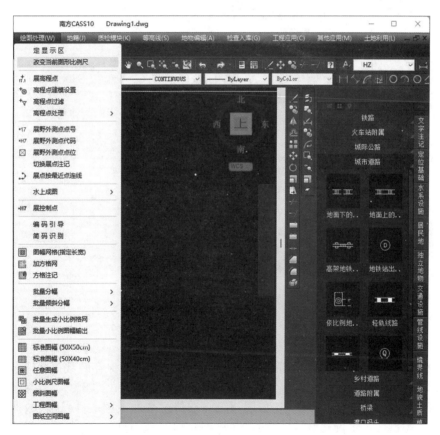

图 2-16 "改变当前图形比例尺"命令

命令区提示：

输入新比例尺 1：按提示输入新比例尺的分母后回车。

注意：有时带线型的线状实体，如陡坎，会显示成一根实线，这并不是图形出错，而只是显示的原因，要想恢复线型的显示，只需输入"REGEN"命令即可。

任务 2.3　绘制平面图

对于图形的生成，CASS 10.1 提供了草图法、简码法、电子平板法等多种成图作业方式，并可实时地将地物定位点和邻近地物(形)点显示在当前图形编辑窗口中，操作十分方便。本任务学习运用 CASS 10.1 绘制平面图的常用方法。

首先，要确定计算机内是否有要处理的坐标数据文件。如果没有，则要进行数据通信。

2.3.1　数据通信

数据通信的作用是完成电子手簿或带内存的全站仪与计算机两者之间的数据相互传输。南方公司开发的电子手簿的载体有 PC-E500、HP2110、MG(测图精灵)，使用它们可与带内存的全站仪通信。

(1)将全站仪通过适当的通信电缆与微机连接好。

(2)移动鼠标至"数据"→"读取全站仪数据"命令，该命令将以高亮度(深蓝色)显示，按左键，出现图 2-17 所示的对话框。

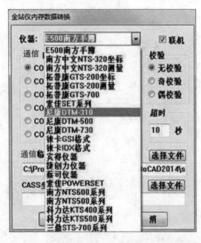

图 2-17　"全站仪内存数据转换"对话框

(3)根据不同仪器的型号，设置好通信参数，再选取好要保存的数据文件名，最后点击"转换"按钮。

如果想将以前传过来的数据(比如用超级终端传过来的数据文件)进行数据转换，可先选好仪器类型，再将仪器型号后面的"联机"选项取消。这时通信参数全部变灰。接下来，在"通信临时文件"选项下面的空白区域填上已有的临时数据文件，再在"CASS 坐标文件"选项下面的空白区域填上转换后的 CASS 坐标数据文件的路径和文件名，点击"转换"按钮即可。

注意：若出现"数据文件格式不对"提示，原因可能是：①数据通信的通路问题，电缆型号不对或计算机通信端口不通；②全站仪和软件两边通信参数设置不一致；③全站仪中传输的数据文件中没有包含坐标数据，这种情况可以通过查看 tongxun.＄＄＄ 来判断。

2.3.2 控制点展绘

点击"绘图处理"菜单，接着选择菜单中的"展控制点"，打开"展绘控制点"对话框（见图 2-18），点击"坐标数据文件名"文本框右侧按钮，选择坐标文件（见图 2-19），然后选择控制点类型，点击"确定"即可展绘出指定类型的控制点。

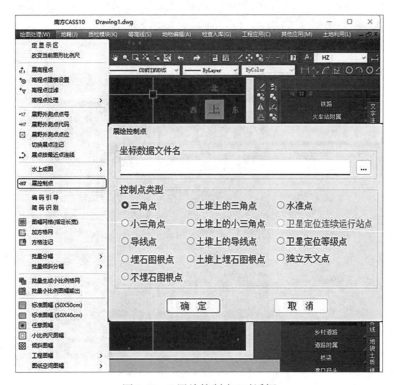

图 2-18 "展绘控制点"对话框

图 2-19 "输入坐标数据文件名"对话框

2.3.3 测点点号展绘

为了更加直观地在图形编辑区内看到各测点之间的关系,可以先将野外测点点号在屏幕中展出来。其操作方法是:先移动鼠标至菜单"绘图处理",按左键,这时系统弹出一个下拉菜单;再移动鼠标选择"展野外测点点号"命令(见图2-20),按左键,便出现"输入坐标数据文件名"对话框;输入对应的坐标数据文件名"D:\Program Files\Cass10.1 For AutoCAD2016\demo\YMSJ.DAT"后,便可在屏幕展出野外测点点号。

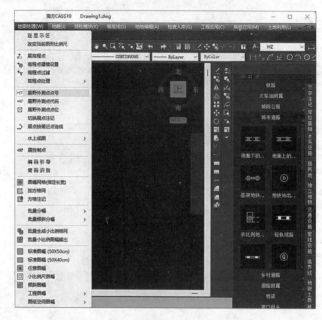

图 2-20 "展野外测点点号"命令

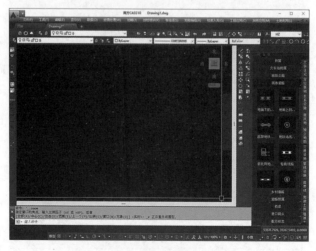

图 2-21 野外测点点号展绘效果图

2.3.4 绘制地物

根据野外作业时绘制的草图，移动鼠标至屏幕右侧菜单区，选择相应的地形图图式符号，然后在屏幕中将所有的地物绘制出来。系统中所有地形图图式符号都是按照图层来划分的，例如所有表示测量控制点的符号都放在"定位基础"这一层，所有表示独立地物的符号都放在"独立地物"这一层，所有表示植被的符号都放在"植被土质"这一层。

1. 草图法

草图法在内业工作时，根据作业方式的不同，分为点号定位、坐标定位、编码引导几种方法。

1) 点号定位法作业流程

（1）选择测点点号定位成图法。移动鼠标至屏幕右侧菜单区"坐标定位"→"点号定位"处，按左键，即出现图 2-22 所示的对话框。

图 2-22 "选择点号对应的坐标点数据文件名"对话框

输入点号对应的坐标点数据文件名"D:\Program Files\Cass10.1 For AutoCAD2016\demo\YMSJ.DAT"后，命令区提示：

读点完成！共读入 60 个点

（2）地物展绘。根据外业草图，选择相应的地图图式符号在屏幕上将平面图绘出来。如图 2-23 所示的草图，将 33、34、35 号点连成一间普通房屋。

移动鼠标至右侧菜单"居民地"→"一般房屋"处，按左键，系统便弹出图 2-24 所示的菜单栏。再移动鼠标到"四点一般房屋"的图标处，按左键，这时命令区提示：

绘图比例尺输入 1:1000，回车。

1.已知三点/2.已知两点及宽度/3.已知四点<1>：输入 1，回车（或直接回车默认选 1）。

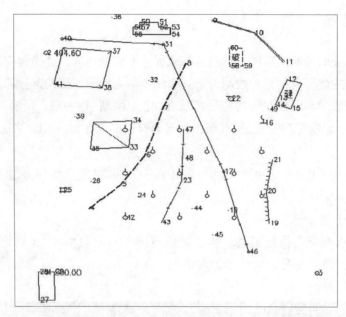

图 2-23 外业作业草图

说明：已知三点是指测矩形房子时测了三个点；已知两点及宽度是指测矩形房子时测了两个点及房子的一条边；已知四点是指测了房子的四个角点。

点 P/<点号>：输入 33，回车。

说明：点 P 是指根据实际情况在屏幕上指定一个点；点号是指绘地物符号定位点的点号（与草图的点号对应），此处使用点号。

点 P/<点号>：输入 34，回车。

点 P/<点号>：输入 35，回车。

这样，即将 33、34、35 号点连成一间普通房屋。

图 2-24 "一般房屋"菜单

注意：绘房子时，输入的点号必须按顺时针或逆时针的顺序输入，如上例的点号按 34、33、35 或 35、33、34 的顺序输入，否则绘出来的房子就不对。

重复上述操作，将 37、38、41 号点绘成四点棚房；60、58、59 号点绘成四点破坏房子；12、14、15 号点绘成四点建筑中房屋；50、52、51、53、54、55、56、57 号点绘成多点一般房屋；27、28、29 号点绘成四点房屋。

同样在"居民地"→"垣栅"层找到"依比例围墙"的图标，将 9、10、11 号点绘成依比例围墙的符号；在"居民地"→"垣栅"层找到"篱笆"的图标，将 47、48、23、43 号点绘成篱笆的符号。完成这些操作后，其平面图如图 2-25 所示。

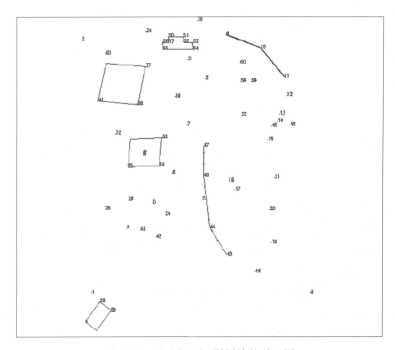

图 2-25 用"居民地"图层绘的平面图

把草图中的 19、20、21 号点连成一段陡坎，操作方法：先移动鼠标至右侧菜单"地貌

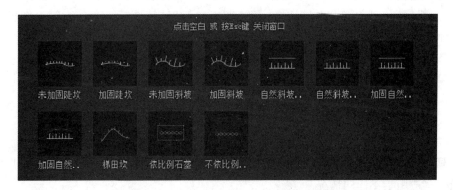

图 2-26 "地貌土质"→"人工地貌"界面

土质"→"人工地貌"右侧的小三角处,点击,这时系统弹出图 2-26 所示界面;点击"未加固陡坎",在命令行的提示下输入点号"19,20,21",按回车,效果如图 2-27 所示。

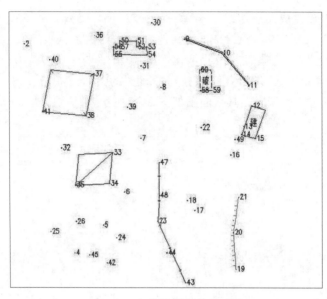

图 2-27 加绘陡坎后的平面图

这样,重复上述的操作,便可以将所有测点用地图图式符号绘制出来。在操作的过程中,可以嵌用 CAD 的透明命令,如放大显示、移动图纸、删除、文字注记等。

2)坐标定位法作业流程

(1)定显示区。此步操作与点号定位法作业流程的定显示区的操作相同。

(2)选择坐标定位成图法。移动鼠标至屏幕右侧菜单区之"坐标定位"项,按左键,即进入"坐标定位"项的菜单。如果刚才在"测点点号"状态下,可通过选择"CASS 10.1 成图软件"按钮返回主菜单之后再进入"坐标定位"菜单。

(3)绘平面图。与点号定位法成图流程类似,需先在屏幕上展点,根据外业草图,选择相应的地图图式符号在屏幕上将平面图绘出来,区别在于不能通过测点点号来进行定位了。仍以作居民地为例讲解。移动鼠标至右侧菜单"居民地"处按左键,系统便弹出图 2-24 所示的"一般房屋"菜单栏。再移动鼠标到"四点一般房屋"图标处,按左键,图标变亮表示该图标已被选中。这时命令区提示:

1. 已知三点/2. 已知两点及宽度/3. 已知四点<1>:输入 1,回车(或直接回车默认选 1)。

输入点:这时鼠标靠近 33 号点,点击鼠标左键,捕捉该点。

输入点:同上操作捕捉 34 号点。

输入点:同上操作捕捉 35 号点。

这样,即将 33、34、35 号点连成一间普通房屋。

注意:在输入点时,嵌套使用了捕捉功能,选择不同的捕捉方式会出现不同形式的黄颜色光标,适用于不同的情况。

命令区要求"输入点"时,也可以用鼠标左键在屏幕上直接点击,为了精确定位,也可输入实地坐标。下面以"路灯"为例进行演示。移动鼠标至右侧菜单"独立地物"→"其他设施"右侧小三角处,按左键,这时系统便弹出图 2-28,移动鼠标到"路灯"图标处,按左键,这时命令区提示:

输入点:输入 143.35,159.28,回车。

这时,就在(143.35,159.28)处绘好了一个路灯。

注意:随着鼠标在屏幕上移动,左下角提示的坐标会实时变化。

图 2-28 "独立地物"→"其他设施"界面

3)编码引导法作业流程

编码引导方式也称为编码引导文件+无码坐标数据文件自动绘图方式。

(1)编辑引导文件。

①移动鼠标至绘图屏幕的顶部菜单,选择"编辑"→"编辑文本文件"命令,该处以高亮度(深蓝色)显示,按左键,屏幕命令区出现图 2-29 所示对话框。

图 2-29 "输入要编辑的文本文件名"对话框

以"C:\CASS 10.1\DEMO\WMSJ.YD"为例,即选择"WMSJ.YD",点击"打开"按钮。

屏幕上将弹出记事本,这时根据野外作业草图,参考地物代码以及文件格式,编辑好此文件。每一行表示一个地物;每一行的第一项为地物的地物代码,以后各数据为构成该地物的各测点的点号(依连接顺序排列);同行的数据之间用逗号分隔;表示地物代码的字母要大写;用户可根据自己的需要定制野外操作简码,通过更改"C:\CASS 10.1\SYSTEM\JCODE.DEF"文件即可实现。

②移动鼠标至"文件"菜单,按左键便出现文件类操作的下拉菜单,然后移动鼠标至"退出"并点击即可关闭文件。

(2)定显示区。

此步操作与点号定位法作业流程的定显示区的操作相同。

(3)编码引导。

编码引导的作用是将引导文件与无码的坐标数据文件合并生成一个新的带简编码格式的坐标数据文件。这个新的带简编码格式的坐标数据文件在下一步"简码识别"操作时将要用到。

移动鼠标至绘图屏幕的最上方,选择"绘图处理"→"编码引导",在弹出的"输入编码引导文件名"对话框中,找到"C:\CASS 10.1\DEMO\WMSJ.YD"文件。

接着,按照要求输入坐标数据文件名,此时输入"C:\CASS 10.1\DEMO\WMSJ.DAT"。

这时,屏幕按照这两个文件自动生成图形,如图2-30所示。

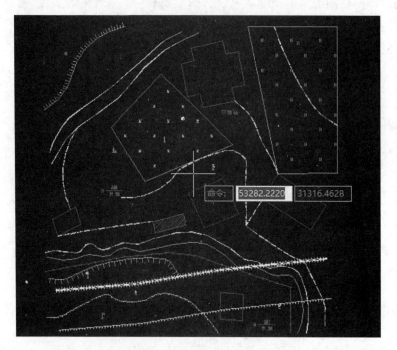

图2-30 系统自动绘出图形

2. 简码法

简码法工作方式也称为带简编码格式的坐标数据文件自动绘图方式，与草图法在野外测量时不同的是，每测一个地物点时都要在电子手簿或全站仪上输入地物点的简编码，简编码一般由一个字母和一或两位数字组成。用户可根据自己的需要通过 JCODE.DEF 文件定制野外操作简码。

简码法工作流程如下：

(1)定显示区。此步操作与草图法中测点点号定位绘图方式作业流程的定显示区操作相同。

(2)简码识别。简码识别的作用是将带简编码格式的坐标数据文件转换成计算机能识别的程序内部码(又称绘图码)。

移动鼠标至菜单"绘图处理"→"简码识别"命令，该命令以高亮度(深蓝色)显示，按左键，即出现图 2-31 所示的"输入简编码坐标数据文件名"对话窗。输入带简编码格式的坐标数据文件名(此处以"C:\CASS 10.1\DEMO\YMSJ.DAT"为例)，提示区显示："简码识别完毕！"，同时在屏幕上自动绘出图形。

图 2-31 "输入简编码坐标数据文件名"对话框

上面以清晰的步骤介绍了草图法、简码法的工作流程。其中，草图法包括点号定位法、坐标定位法、编码引导法；编码引导法的外业工作也需要绘制草图，但内业通过编辑编码引导文件，将编码引导文件与无码坐标数据文件合并生成带简编码的坐标数据文件，其后的操作等效于简码法，简码识别时就可自动绘图。

CASS 10.1 支持多种多样的作业模式，除了草图法、简码法以外，还有白纸图数字化法、电子平板法，可根据实际情况灵活选择恰当的方法。

任务 2.4　地貌绘制

在地形图中，等高线是表示地貌起伏的一种重要手段。在常规的平板测图中，等高线是由手工描绘的，等高线可以描绘得比较圆滑但精度稍低。在数字化自动成图系统中，等高线是由计算机自动勾绘，生成的等高线精度相当高。

CASS 10.1 在绘制等高线时，充分考虑到等高线通过地性线和断裂线时情况的处理，如陡坎、陡涯等。CASS 10.1 能自动切除通过地物、注记、陡坎的等高线。由于采用了轻量线来生成等高线，CASS 10.1 在生成等高线后，文件大小比其他软件生成的文件小了很多。

在绘等高线之前，必须先用野外测的高程点建立数字地面模型(DTM)，然后在数字地面模型上生成等高线。

2.4.1　高程点展绘

在使用 CASS 10.1 自动生成等高线时，应先建立数字地面模型。在这之前，可以先定显示区及展点，定显示区的操作与上一节草图法中点号定位法的工作流程中的定显示区的操作相同。选择"绘图处理"→"展高程点"选项，如图 2-32 所示，弹出"输入坐标数据文件名"对话框。

图 2-32　"绘图处理"下拉菜单及"输入坐标数据文件名"对话框

要求输入文件名时，在放置外业测点的文件路径下选择相应的 Dgx.dat 文件，点击"打开"按钮，命令区提示：

注记高程点的距离(米):根据规范要求输入高程点注记距离(即注记高程点的密度),回车默认为注记全部高程点的高程。这时,所有高程点和控制点的高程均自动展绘到图上。

2.4.2 建立数字地面模型(构建三角网)

(1)移动鼠标至屏幕顶部菜单"等高线",按左键,出现图2-33所示下拉菜单。
(2)移动鼠标至"建立三角网",按左键,出现图2-34所示的对话窗。

图2-33 "等高线"下拉菜单

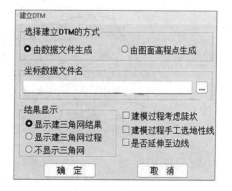

图2-34 选择建模高程数据文件

首先,选择建立DTM的方式,有两种:由数据文件生成和由图面高程点生成。如果选择由数据文件生成,则在坐标数据文件名中选择坐标数据文件;如果选择由图面高程点生成,则在绘图区选择参加建立DTM的高程点。然后,选择结果显示,分为三种:显示建三角网结果、显示建三角网过程和不显示三角网。最后，选择在建立 DTM 的过程中是否考虑陡坎和地性线。点击"确定"后生成图 2-35 所示的三角网。

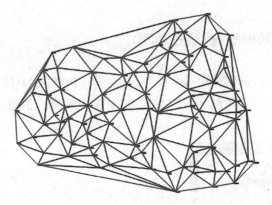

图 2-35　用 Dgx.dat 数据建立的三角网

(3)修改数字地面模型(修改三角网)。一般情况下，由于地形条件的限制，在外业采集的碎部点很难一次性生成理想的等高线，如楼顶上的控制点。另外，还因现实地貌的多样性和复杂性，自动构成的数字地面模型与实际地貌不太一致，这时可以通过修改三角网来修改这些局部不合理的地方。

(4)删除三角形。如果在某局部内没有等高线通过，则可将其局部内相关的三角形删除。删除三角形的操作方法是：先将要删除三角形的地方局部放大，再选择"等高线"→"删除三角形"，命令区提示："选择对象"，这时便可选择要删除的三角形，如果误删，可用"U"命令将误删的三角形恢复。删除右下角的三角形后的效果如图 2-36 所示。

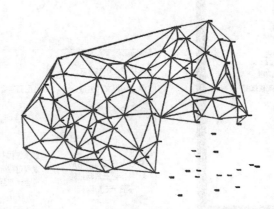

图 2-36　将右下角的三角形删除

(5)过滤三角形。可根据用户需要，输入符合三角形中最小角的度数或三角形中最大边长最多大于最小边长的倍数等条件的三角形。如果出现 CASS 10.1 在建立三角网后无法绘制等高线的情况，可过滤掉部分形状特殊的三角形。另外，如果生成的等高线不光滑，也可以用此功能将不符合要求的三角形过滤掉，再生成新的等高线。

(6)增加三角形。如果要增加三角形,可选择"等高线"→"增加三角形",依照屏幕的提示,在要增加三角形的地方用鼠标点取,如果点取的地方没有高程点,系统会提示输入高程。

(7)三角形内插点。选择"等高线"→"三角形内插点"命令后,可根据提示输入要插入的点:在三角形中指定点(可输入坐标或用鼠标直接点取),提示"高程(米)"时,输入此点高程。通过此功能可将此点与相邻的三角形顶点相连,构成三角形,同时原三角形会自动被删除。

(8)删三角形顶点。用"删三角形顶点"命令可将所有由该点生成的三角形删除。因为一个点会与周围很多点构成三角形,如果手工删除三角形,不仅工作量较大,而且容易出错。这个功能常用在发现某一点坐标错误时,要将它从三角网中剔除的情况下。

(9)重组三角形。指定两相邻三角形的公共边,系统自动将两三角形删除,并将两三角形的另两点连接起来构成两个新的三角形,这样做可以改变不合理的三角形连接。如果因两三角形的形状特殊无法重组,会有出错提示。

(10)删三角网。生成等高线后就不再需要三角网了,这时如果要对等高线进行处理,三角网比较碍事,可以用"删三角网"命令将整个三角网全部删除。

(11)修改结果存盘。通过以上命令修改三角网后,选择"等高线"菜单中的"修改结果存盘",把修改后的数字地面模型存盘。这样,绘制的等高线不会内插到修改前的三角形内。

注意:修改了三角网后一定要进行此步操作,否则修改无效!命令区显示:"存盘结束!",表明操作成功。

2.4.3 等高线绘制

完成准备操作后,便可进行等高线绘制。等高线的绘制可以在绘平面图的基础上叠加,也可以在"新建图形"的状态下绘制。如在"新建图形"状态下绘制等高线,系统会提示用户输入绘图比例尺。

用鼠标选择下拉菜单"等高线"→"绘制等高线",系统弹出图2-37所示的"绘制等值线"对话框。

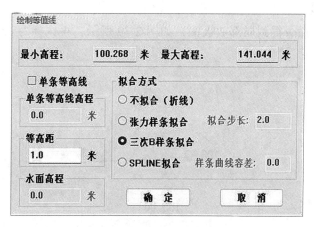

图 2-37 "绘制等值线"对话框

"绘制等值线"对话框中会显示参加生成 DTM 的高程点的最小高程和最大高程。如果只生成单条等高线，那么就在单条等高线高程中输入此条等高线的高程；如果生成多条等高线，则在"等高距"框中输入相邻两条等高线之间的等高距。最后选择等高线的拟合方式。总共有四种拟合方式：不拟合（折线）、张力样条拟合、三次 B 样条拟合和 SPLINE 拟合。观察等高线效果时，可输入较大等高距并选择不光滑，以加快速度。如选择"张力样条拟合"，则拟合步长以 2 米为宜，但这时生成的等高线数据量比较大，速度会稍慢。测点较密或等高线较密时，最好选择光滑的"三次 B 样条拟合"，也可选择不光滑，过后再用批量拟合功能对等高线进行拟合。选择 SPLINE 拟合，则用标准 SPLINE 样条曲线来绘制等高线，提示："请输入样条曲线容差：<0.0>"。容差是曲线偏离理论点的允许差值，可直接回车。SPLINE 线的优点在于即使其被断开也仍然是样条曲线，可以进行后续编辑修改，缺点是较"三次 B 样条拟合"方式容易发生线条交叉现象。

当命令区显示："绘制完成！"，便完成绘制等高线的工作，如图 2-38 所示。

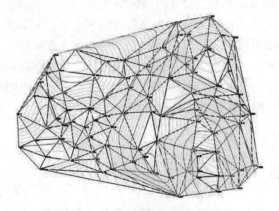

图 2-38 完成绘制等高线的工作

2.4.4 等高线的修饰

1. 注记等高线

用"窗口缩放"命令得到局部放大图，如图 2-39 所示，再选择"等高线"→"等高线注记"→"单个高程注记"命令。

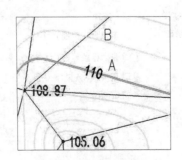

图 2-39 等高线高程注记

命令区提示："选择需注记的等高(深)线：",移动鼠标至要注记高程的等高线位置,如图 2-39 所示位置 A,按左键;"依法线方向指定相邻一条等高(深)线：",移动鼠标至图 2-39 所示等高线位置 B,按左键。等高线的高程值即自动注记在 A 处,且字头朝 B 处。

2. 等高线修剪

点击"等高线"→"等高线修剪"→"批量修剪等高线",弹出图 2-40 所示"等高线修剪"对话框。

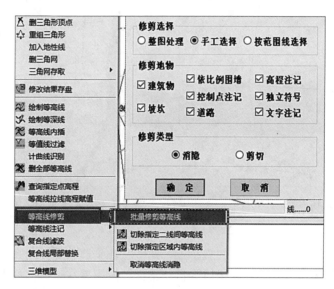

图 2-40 "等高线修剪"对话框

首先选择是消隐还是修剪等高线,然后选择是整图处理还是手工选择需要修剪的等高线,最后选择地物和注记符号,点击"确定"后,会根据输入的条件修剪等高线。

3. 切除指定二线间等高线

命令区提示：

选择第一条线：用鼠标指定一条线,例如选择公路的一边。

选择第二条线：用鼠标指定第二条线,例如选择公路的另一边。

程序将自动切除等高线穿过此二线间的部分。

4. 切除指定区域内等高线

选择一封闭复合线,系统将该复合线内所有等高线切除。

注意：封闭区域的边界一定要是复合线,如果不是,系统将无法处理。

5. 等值线滤波

等值线滤波功能可在很大程度上给绘制好等高线的图形文件"减肥"。一般的等高线都是用样条拟合的,这时虽然从图上看出来的节点数很少,但事实却并非如此。以高程为 110 的等高线为例说明,如图 2-41 所示。

选中等高线,这时图上会出现一些夹持点,千万不要认为这些点就是这条等高线上实际的点,这些只是样条的锚点,要还原它的"真面目",请做下面的操作：

点击"等高线"→"切除穿高程注记等高线",然后看结果,如图2-42所示。

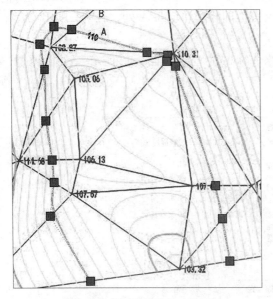
图2-41 剪切前等高线夹持点

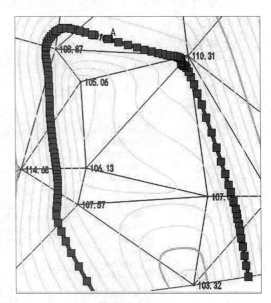
图2-42 剪切后等高线夹持点

这时,在等高线上出现了密布的夹持点,这些点才是这条等高线真正的特征点,所以如果一个很简单的图在生成了等高线后变得非常大,原因就在这里。如果想将这幅图的尺寸变小,用复合线滤波功能就可以了。执行此功能后,系统提示如下:

请输入滤波阈值<0.5米>:这个值越大,精简的程度就越大,但是会导致等高线失真(即变形),因此,用户可根据实际需要选择合适的值。一般选系统默认的值就可以了。

2.4.5 绘制三维模型

建立了DTM之后,就可以生成三维模型,可观察一下立体效果。

移动鼠标至"等高线",按左键,出现下拉菜单。然后移动鼠标至"三维模型"→"绘制三维模型",按左键,命令区提示:

输入高程乘系数<1.0>:输入5。

如果用默认值,建成的三维模型与实际情况一致。如果测区内的地势较为平坦,可以输入较大的值,将地形的起伏状态放大。因本图坡度变化不大,输入高程乘系数将其夸张显示。

是否拟合?(1)是(2)否<1>:回车,默认选(1),拟合。

这时,将显示此数据文件的三维模型,如图2-43所示。

另外,利用低级着色方式、高级着色方式等功能还可对三维模型进行渲染等操作,利用"显示"→"三维静态显示"命令可以转换角度、视点、坐标轴,利用"显示"→"三维动态显示"命令可以绘出更高级的三维动态效果。

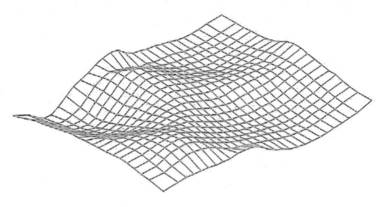

图 2-43　三维模型效果

任务 2.5　地图编辑与整饰(地物编辑)

在大比例尺数字测图的过程中，由于实际地形、地物的复杂性，漏测、错测是难以避免的，这时必须要有一套功能强大的图形编辑系统，对所测地图进行屏幕显示和人机交互图形编辑，在保证精度情况下消除相互矛盾的地形、地物，对于漏测或错测的部分，及时进行外业补测或重测。另外，对于地图上的许多文字注记说明，如道路、河流、街道等，也是很重要的。

图形编辑的另一重要用途是对大比例尺数字化地图的更新，可以借助人机交互图形编辑，根据实测坐标和实地变化情况，随时对地图的地形、地物进行增加或删除、修改等，以保证地图具有很好的现势性。

对于图形的编辑，CASS 10.0 提供"编辑"和"地物编辑"两种下拉菜单。"编辑"是由 AutoCAD 提供的编辑功能：图元编辑、删除、断开、延伸、修剪、移动、旋转、比例缩放、复制、偏移拷贝等。"地物编辑"是由南方 CASS 系统提供的对地物的编辑功能：线型换向、植被填充、土质填充、批量删剪、批量缩放、窗口内的图形存盘、多边形内图形存盘等。下面举例说明。

2.5.1　图形重构

利用右侧屏幕菜单绘出一堵围墙、一块菜地、一条电力线、一个自然斜坡，如图 2-44 所示。

自 CASS 4.0 版本以来，CASS 都设计了骨架线，复杂地物的主线一般都有独立编码的骨架线。用鼠标左键点取骨架线，再点取显示蓝色方框的节点使其变红，移动到其他位置，或者将骨架线移动位置，效果如图 2-45 所示。

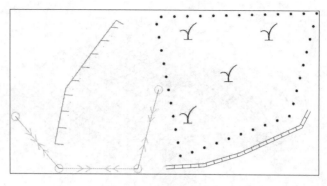

图 2-44 作出几种地物

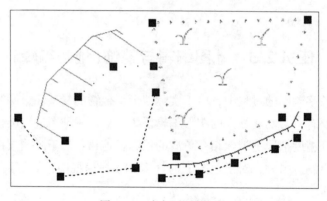

图 2-45 改变原图骨架线

将鼠标移至"地物编辑"菜单项,按左键,选择"图形重构",也可点击左侧工具条的"图形重构"按钮,命令区提示：

选择需重构的实体：/手工选择实体(S)/<重构所有实体>：回车表示对所有实体进行重构操作。此时,图 2-45 所示图形转变为图 2-46 所示图形。

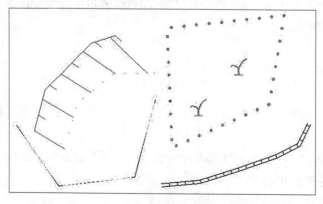

图 2-46 对改变骨架线的实体进行图形重构

2.5.2 改变比例尺

将鼠标移至"文件"菜单,按左键,选择"打开已有图形",在弹出的"选择文件"对话框中输入需要打开的文件,将鼠标移至"打开"按钮,按左键,屏幕上将显示例图,如图 2-47 所示。

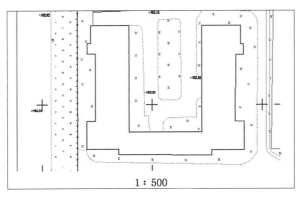

图 2-47 例图

将鼠标移至菜单"绘图处理"→"改变当前图形比例尺",按左键,命令区提示:
当前比例尺为 1∶500
输入新比例尺<1∶500>1:输入要求转换的比例尺,例如输入 1000。
这时屏幕显示的图就转变为 1∶1000 的比例尺,各种地物包括注记、填充符号都已按 1∶1000 的图示要求进行转变。

2.5.3 查看及加入实体编码

将鼠标移至"数据"菜单,点击左键,弹出下拉菜单,选择"查看实体编码",命令区提示:"选择图形实体<直接回车退出>",鼠标变成一个方框,选择图形,则屏幕弹出图 2-48 所示的属性信息,或直接将鼠标移至多点房屋的线上,则屏幕自动出现该地物属性,如图 2-49 所示。

图 2-48 查看实体属性信息

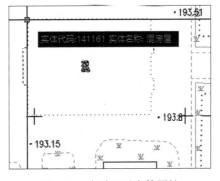

图 2-49 自动显示实体属性

将鼠标移至"数据"菜单，点击左键，弹出下拉菜单，选择"加入实体编码"，命令区提示：

输入代码(C)/<选择已有地物>：鼠标变成一个方框，这时选择下侧的陡坎。

选择要加属性的实体，命令区提示：

选择对象：用鼠标的方框选择多点房屋。这时原图变为图 2-50 所示。

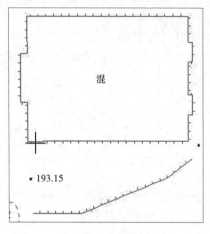

图 2-50　通过加入实体编码变换图形

在第一步提示时，也可以直接输入编码（此例中输入未加固陡坎的编码 204201），这样，在下一步中选择的实体将转换成编码为 204201 的未加固陡坎。

2.5.4　线型换向

利用右侧屏幕菜单绘出未加固陡坎、加固斜坡、依比例围墙、栅栏各一个，如图 2-51 所示。

将鼠标移至"地物编辑"菜单，点击左键，弹出下拉菜单，选择"线型换向"，命令区提示：

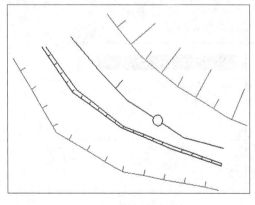

图 2-51　线型换向前

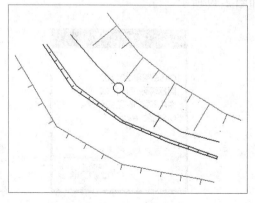

图 2-52　线型换向后

请选择实体：将转换为小方框的鼠标光标移至未加固陡坎的母线，点击左键。

这样，该条未加固陡坎即转变了坎的方向。以同样的方法选择"线型换向"命令（或在工作区点击鼠标右键重复上一条命令），点击栅栏、加固陡坎的母线，以及依比例围墙的骨架线（显示成黑色的线），完成换向功能。结果如图 2-52 所示。

2.5.5 坎高的编辑

利用右侧屏幕菜单的"地貌土质"绘一条未加固陡坎，命令区提示：

输入坎高：（米）<1.000>：回车默认 1 米。

将鼠标移至"地物编辑"菜单，点击左键，弹出下拉菜单，选择"修改坎高"，则在陡坎的第一个节点处出现一个十字丝，命令区提示：

选择陡坎线

请选择修改坎高方式：(1)逐个修改(2)统一修改 <1>

当前坎高=1.000 米，输入新坎高<默认当前值>：输入新值，回车（或直接回车默认 1 米）。

十字丝跳至下一个节点，命令区提示：

当前坎高=1.000 米，输入新坎高<默认当前值>：输入新值，回车（或直接回车默认 1 米）。如此重复，直至最后一个节点结束。这样便将坎上每个测量点的坎高进行了更改。若在修改坎高方式中选择(2)，则命令区提示：

请输入修改后的统一坎高：<1.000>：输入要修改的目标坎高，则将该陡坎的高程改为同一个值。

2.5.6 实体属性

在图形数据最终进入 GIS 系统的情况下，对于实体本身的一些属性还必须做一些更多更具体的描述和说明，因此给实体增加了一个附加属性，该属性可以由用户根据实际的需要进行设置和添加。

1. 设置实体属性

如要为居民地中的建筑物加上名称、高度、用途、地理位置等附加属性，则只需将这些属性定义写入 attribute.def 文件中，格式如下：

*RESRGN，3，面状居民地 CODE，10，9，0，要素代码

name，10，9，0，名称

其中，RESRGN 表示图层名，数字 3 表示图层类型为面（1 表示点，2 表示线，3 表示面，4 表示注记）。第二行起每行表示一个属性：第一项为属性代码，第二项为数据类型，第三项为数据字节长度，第四项为小数位数，末项为文字说明。

注意：RESRGN 为用户自定义图层名，可在 INDEX.INI 文件中设置修改。若改变了 attribute.def 中的图层名，则需在 INDEX.INI 中做相应改变。

为用户修改方便，以上附加属性的添加可以直接在人机交互界面上进行，操作如下：点击屏幕下拉菜单"检查入库"→"地物属性结构设置"，弹出图 2-53 所示的"属性结构设置"对话框。

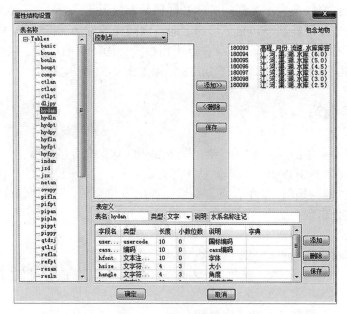

图 2-53 设置附加属性

在"属性结构设置"对话框中进行设置,同样可以将上面面状居民地的各附加属性写入 attribute.def 文件中。点击 respy 属性层名,出现图 2-54 所示的实体已有属性项名称。

图 2-54 实体附加属性项

点击"添加"按钮,则出现新的未命名的属性项:

双击新增的"字段名",在对话框下方的文本框中输入"名称",依次选择类型、长度、小数位数和说明等项,修改为相应的值,如图 2-55 所示。

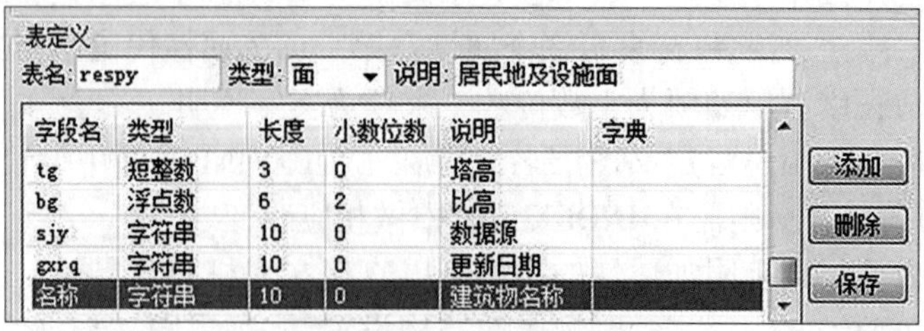

图 2-55 添加居民地附加属性项

使用同样的方法添加建筑物用途和建筑物地理位置等属性项，然后点击"确定"，则以上添加的内容写到"attribute.def"文件中，重启软件则该设置生效。

2. 修改实体属性

点击左侧图层面板，切换到"属性"选项卡后，选择要加属性的实体，弹出图 2-56 所示的面板，在该面板上可以为选择的实体添加实体属性信息。

图 2-56　添加实体属性信息

任务 2.6　图形分幅

在图形分幅前，应做好分幅的准备工作，应了解图形数据文件中的最小坐标和最大坐标。注意：在 CASS 10.1 下侧信息栏显示的数学坐标和测量坐标是相反的，即 CASS 10.1 系统中前面的数为 Y 坐标(东方向)，后面的数为 X 坐标(北方向)。

将鼠标移至"绘图处理"菜单，点击左键，弹出下拉菜单，选择"批量分幅"→"建立格网"，命令区提示：

请选择图幅尺寸：(1)50∗50(2)50∗40(3)自定义尺寸<1>：按要求选择。此处直接回车默认选 1。

输入测区一角：在图形左下角点击左键。

输入测区另一角：在图形右上角点击左键。这样在所设目录下就产生了各个分幅图，自动以各个分幅图的左下角的东坐标和北坐标结合起来命名，如"29.50-39.50""29.50-40.00"等。

如果要求输入分幅图目录名时直接回车，则各个分幅图自动保存在安装了 CASS 10.0 的驱动器的根目录下。

选择"绘图处理"→"批量分幅"→"批量输出到文件"，在弹出的"请输入分幅图目录名"对话框中确定输出的图幅的存储目录名，然后点击"确定"，即可批量输出图形到指定的目录。

任务 2.7 图幅整饰

把图形分幅时所保存的图形打开,选择"文件"的"打开已有图形",在弹出的"选择文件"对话框中输入 SOUTH1.DWG 文件名,确认后 SOUTH1.DWG 图形即被打开。

选择"绘图处理"中的"标准图幅(50cm×50cm)",在弹出的"图幅整饰"对话框中输入图幅的名字、邻近图名、批注,在"左下角坐标"的"东""北"栏内输入相应坐标,例如此处输入 40000,30000,回车。在"删除图框外实体"前打钩则可删除图框外实体,按实际要求选择,例如此处选择打钩。最后用鼠标点击"确定"按钮即可。

因为 CASS 10.0 系统所采用的坐标系统是测量坐标,即 1∶1 的真坐标,加入 50cm×50cm 图廓后的效果如图 2-57 所示。

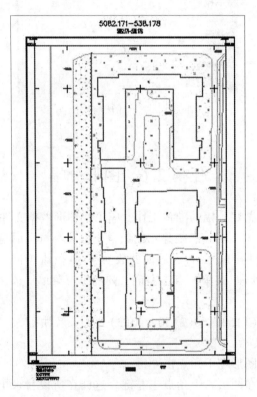

图 2-57 加入图廓的平面图

思考题

1. 数字成图的本质是什么?
2. 地形图符号在 CASS 中分为几大类?
3. 数字地形图有哪些优点?
4. 绘制地形图的流程是什么?
5. 完成一幅地形图的绘制。

项目 3 CASS_3D 裸眼立体测图

本项目中,将学习使用 CASS_3D 提供的相关功能在倾斜三维模型上进行裸眼立体测图,实现地形图绘制等内业成图。通过学习本项目,学生将掌握使用 CASSS_3D 绘制地形地图等图件。

【学习目标】

素质目标:培养学生的科学精神和实践能力,提高学生的综合素质。

知识目标:掌握 CASS_3D 软件的基本操作和地物、等高线的绘制方法,了解如何从高程点自动生成等高线,掌握等高线的修改和整饰方法。

技能目标:熟练使用 CASS_3D 软件进行等高线的绘制和修改,能够根据实际项目需求进行地形图的编辑、整饰和分幅输出。

【学习重点】

(1)使用复合线工具绘制等高线。
(2)等高线的修改和属性调整。
(3)从高程点自动生成等高线。
(4)等高线的修剪和整饰。

【学习难点】

(1)根据实际项目需求进行地形图的编辑、整饰和分幅输出。
(2)对生成的等高线进行有效的修改和调整。

任务 3.1 CASS_3D 裸眼成图基本操作

3.1.1 运行环境

CASS_3D 是挂接安装在 CASS 平台的软件,因此,安装 CASS_3D 前,需确保操作系统内已安装好 AutoCAD 及 CASS 软件。CASS_3D 运行环境如下:

AutoCAD 适配版本:[32 位]CAD2005—2018 版本、[64 位]CAD2010—2020 版本。

CASS 适配版本:CASS 7.1/2008/9.2/10.1。

操作系统:Windows 7 及以上。

3.1.2 安装说明

软件安装过程中应关闭 CASS，如安装失败，可尝试点击右键，在右键菜单中选择以管理员身份运行。

解压 CASS_3D 压缩包，双击解压文件夹内的"Cass3DInstall.exe"，弹出 CASS_3D 安装界面，如图 3-1 所示。

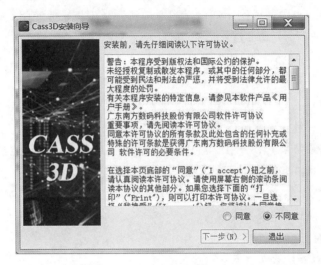

图 3-1 CASS_3D 插件安装向导

依据安装向导提示安装 CASS_3D。若操作系统内安装了多个 CASS 版本，还可选择需安装 CASS_3D 的 CASS 版本，如图 3-2 所示。

图 3-2 选择 CASS 版本

安装完成后，启动 CASS 软件，会发现 CASS 软件界面左上角出现 CASS_3D 工具栏，表示安装已成功，如图 3-3 所示。接下来就可以使用 CASS_3D 进行数据采集了。

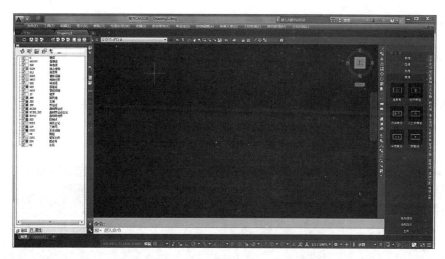

图 3-3　CASS_3D 插件安装完成效果图

3.1.3　操作流程

（1）运行 CASS 软件。可打开".dwg"文件加载底图或新建".dwg"文件。

（2）点击"文件"→"打开 3D 窗口"或点击"Open3D"工具条图标，也可以在命令区输入"dsmload"命令并执行，加载倾斜三维模型。加载 CASS_3D 三维窗口，如图 3-4 所示。

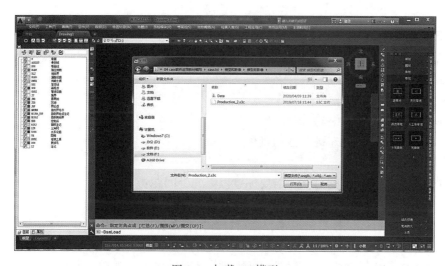

图 3-4　加载 3D 模型

(3) 使用 CASS 绘图工具在三维空间直接采集地物，如已加载底图 ". dwg" 数据，也可依据三维信息编辑、修正底图数据。

(4) 文件保存。

3.1.4 CASS_3D 基本操作

1. CASS_3D 界面

利用 CASS_3D 打开加载的三维模型后，CASS 主界面会开启三维模型浏览窗口，如图 3-5 所示。

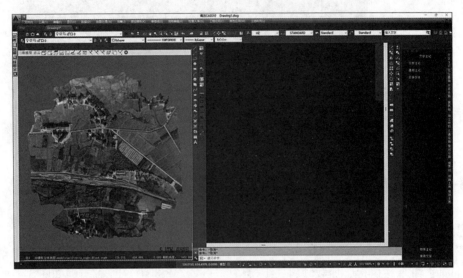

图 3-5 三维模型浏览窗口

2. 三维模型浏览

在 CASS_3D 工作模式下，二维窗口与三维窗口可以联动操作，当鼠标指针位于三维窗口时出现：

缩放窗口：滑动鼠标滚轮。

平移窗口：按住鼠标滚轮并拖动鼠标。

旋转视角：按住鼠标左键并拖动鼠标。

全图：双击滚轮。

在进行三维模型操作的时候，需要注意以下几个问题：

(1) 三维窗口内只可点选要素，框选操作只可由二维窗口完成。

(2) 点击 Esc 键或鼠标右键取消三维窗口选择状态。

(3) 绘制过程中，按住 Ctrl 键可锁定三维视口旋转状态，提高采集速度。

(4) 先按住 Ctrl 键，再按 Tab 键，可快速旋转三维模型，朝向正北。

(5) 点击 Tab 键，顺时针旋转三维窗口 90°。

3. 图形绘制模式

CASS_3D 的采集模式可采用二维绘图模式或三维绘图模式，如图 3-6 所示，根据需要通过点击工具条上的 2D/3D 模式进行切换。

图 3-6　2D/3D 模式切换指引图

CASS_3D 沿用 AutoCAD 与 CASS 编辑功能，但三维窗口内不支持框选，也不可直接编辑节点，节点编辑可借助三维工具条。

4. 生成模型索引

对于已有瓦片模型和元数据但无索引文件的三维模型，可使用模型索引生成工具（见图 3-7）自动构建".osgb"格式的索引文件，用于载入三维模型。瓦片模型和元数据存放的路径需严格按照此要求：瓦片数据文件夹放在 data 文件夹下，元数据 xml 文件需与 data 文件夹同级目录。可参考图 3-8 所示的数据文件存储结构。

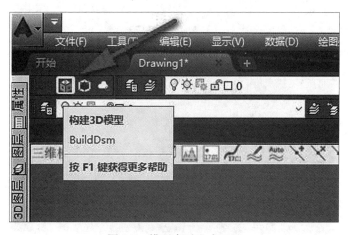

图 3-7　模型索引生成工具

图 3-8　数据文件存储结构示例

5. 视角调整

1）俯视

效果图如图 3-9 所示。

图 3-9　俯视效果图

三维视角可锁定或取消锁定俯视状态。

锁定俯视状态后，无法旋转三维模型。再次执行此功能，可取消锁定。

2）侧视

效果图如图3-10所示。

图 3-10　侧视效果图

6. 同步矢量

同步矢量功能是将二维窗口内当前显示的实体同步显示到三维窗口中，如图 3-11 所示。

图 3-11　同步矢量

"同步矢量"命令只对三维视口范围内的实体生效,如果需要同步全图,需要先将三维窗口置为全图。

7. 捕捉快捷键设置

在三维窗口中进行图形的绘制和编辑操作时,窗口左上角会提示可用的捕捉快捷键,如图 3-12 所示。

图 3-12　可用的捕捉快捷键

(1)CASS_3D 默认的捕捉快捷键说明如下:

E 键:捕捉离光标最近的线上点,包括这个线上点的高程。

B 键:捕捉离光标最近的线上端点,包括这个线上点的高程。

P 键:捕捉离光标最近的线上垂足点,包括这个线上点的高程。

T 键:捕捉离光标最近的线上点,仅取该点的 X 和 Y 坐标,高程取光标点击的模型位置。

Y 键:捕捉离光标最近的线上端点,仅取该点的 X 和 Y 坐标,高程取光标点击的模型位置。

(2)捕捉快捷键还可在设置功能中进行自定义和重置。

点击"设置"→"快捷键",即可在弹出的"设置"对话框中修改捕捉快捷键,如图 3-13 所示。

任务 3.2 交通路网测图

图 3-13 快捷键设置指引图

任务 3.2　交通路网测图

利用 CASS_3D 在三维模型上面进行数据采集的时候，也要遵循先整体后局部的原则，首先把路网和水系要素采集出来。这里首先采集路网要素。

3.2.1　加载三维立体模型

新建".dwg"文件，然后点击 3D 模块按钮，加载三维立体模型，如图 3-14 所示。

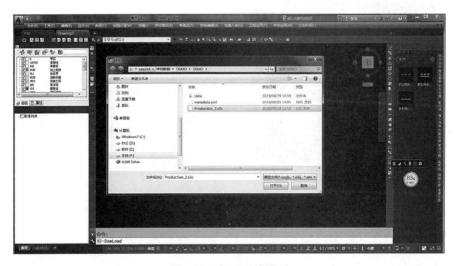

图 3-14 打开三维模型

3.2.2 调出道路绘制菜单

调入模型后,通过分屏预览、全屏预览和鼠标左键对模型进行浏览。下面开始进行交通路网测图。

这里数据模型中的交通道路主要为乡村道路,点击 CASS 右侧屏幕菜单中的"交通设施"→"乡村道路",选择对应的道路符号开始绘制乡村道路,如图 3-15 所示。

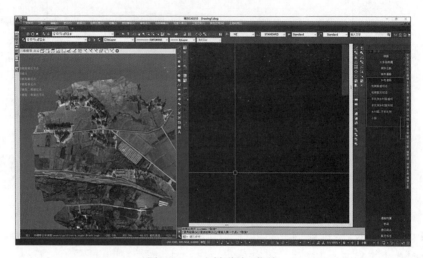

图 3-15 "乡村道路"菜单

也可以在右侧屏幕菜单的快速索引栏里输入"乡村",找到对应的道路符号,如图3-16 所示。

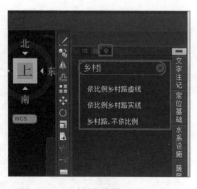

图 3-16 乡村道路符号快速索引

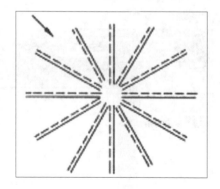

图 3-17 光影法则

3.2.3 道路绘制

乡村道路采用虚实线表示,在画虚实线的时候一般按照"左虚右实,上虚下实"的原则,在 CASS_3D 里面可以按住鼠标的左键来转换不同的角度进行画图。

按光影法则(见图 3-17)描绘的话,以虚实线表示的符号(机耕路、乡村路),其虚线绘在光辉部,实线绘在暗影部。一般在居民地、桥梁、渡口、徒涉场、涵洞、隧道或道路相交处变换虚实线方向。

3.2.4 道路节点处理

道路岔路口节点的地方可以采用复合线修线的功能进行修线,如线修剪功能。道路节点处理前后对比图如图 3-18 所示。

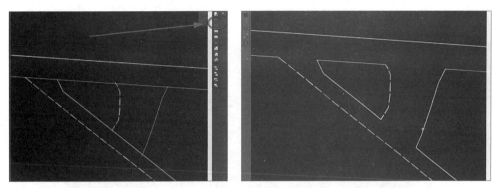

图 3-18 道路节点处理前后对比图

3.2.5 更改矢量高度

道路画完后,我们会发现,在三维模型图上,道路线出现高低起伏的现象,这是道路线没有贴合地面而显示的结果。可利用 CASS_3D 的"更改矢量高度"命令进行贴地处理。

点击"更改矢量高度"命令,命令行提示:

输入标高/贴合模型表面 S/图面点击标高点:输入"S",即可将道路线贴合到地面,如图 3-19 所示。

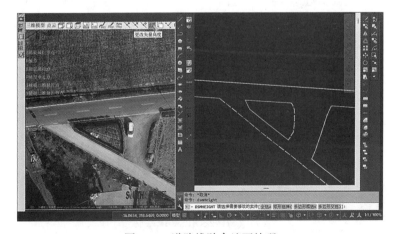

图 3-19 道路线贴合地面处理

任务 3.3　水系设施测图

3.3.1　沟渠的绘制

利用 CASS 的 DD 命令绘制地物，输入水渠的编码（183102），根据提示选择 T，即捕捉最近一点，沿着沟渠三维图形的左边线，移动 3D 屏幕，按住鼠标左键拖动图面，即可按照拖动的图面绘制沟渠，如图 3-20 所示。

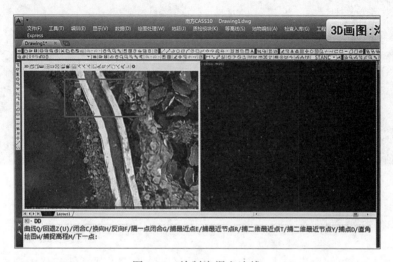

图 3-20　绘制沟渠左边线

绘制完左边线后用偏移复制的功能进行右边线绘制，如图 3-21 所示。复制完成后要检查复制边是否贴近沟渠的边界线，如果不贴近，就用修线的功能进行修整。

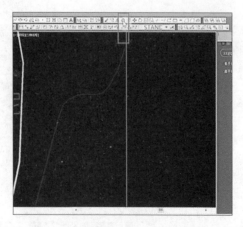

图 3-21　利用偏移复制的功能绘制另一边线

3.3.2 陡坎的绘制

在路面上选择一点,路面下采集一点,判断陡坎高度是否超过 1 m,如图 3-22 所示。若超过 1 m,要绘制高差超过 1 m 的陡坎。

 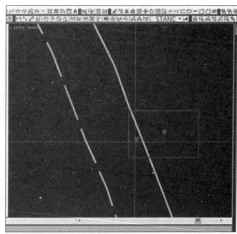

图 3-22 判断陡坎的高度

在窗口右侧搜索栏中输入"jgdk",检索到"加固陡坎",利用"加固陡坎"即可开始绘制。陡坎的绘制过程中可切换视图,画完后检查陡坎的方向,如陡坎方向不对,可根据提示输入 F 命令进行反向,如图 3-23 所示。

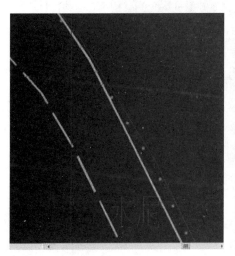 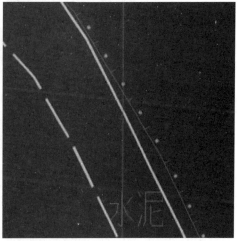

图 3-22 陡坎反向

任务 3.4　居民地测图

3.4.1　智能绘房

打开 CASS_3D，点击"设置"，在弹出的"设置"对话框中的"智能绘房"处勾选"双击左键启用"以及绘制房屋的默认编码，如图 3-24 所示。

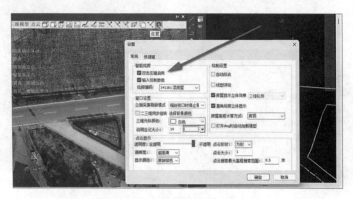

图 3-24　设置"智能绘房"

设置后，如图 3-25 所示，按 Ctrl+滚轮调节智能识别房屋的轮廓。

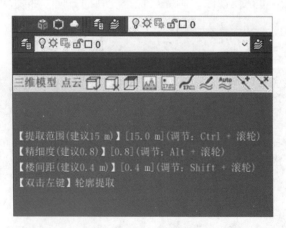

图 3-25　设置提取范围

把鼠标放在墙体上双击，启动智能绘房，滚动鼠标滚轮调整房屋轮廓至合适后，点右键，确认轮廓线，如图 3-26 所示。房屋贴地后通过删除节点操作，将多余的节点删除以修整房屋。

房屋修整以后，利用偏移命令绘制阳台。选择"2"（两点偏移）的方式，按照命令的提示输入，捕捉墙角两边最近的点后，软件显示轮廓向外，使用"统一偏移"，如果偏移的

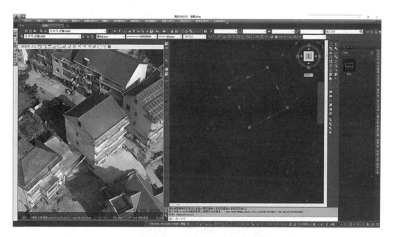

图 3-26 智能绘制房屋

方向不对,可以利用命令"H"反向(见图 3-27)。

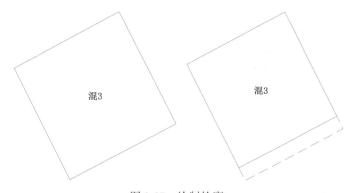

图 3-27 绘制轮廓

房屋也可以采用右侧屏幕菜单中的"居民地"类别,利用"一般房屋"→"多点一般房屋"命令,按"W"沿墙体绘制直角房屋,在最后节点处按右键结束。边界线没有捕捉到的,采用 CAD 线延伸命令进行线拼接。注记文字后完成房屋绘制,如图 3-28 所示。

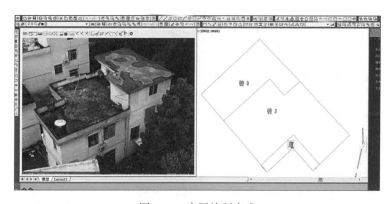

图 3-28 房屋绘制完成

3.4.2　四点房屋绘制

在命令区输入"fourpt"命令,按提示选择已知三点,在 3D 视图窗口第一个墙面上捕捉两个点,然后按 Tab 键可以转换到 90°视角,去捕捉第三个墙体的一角,如图 3-29 所示。

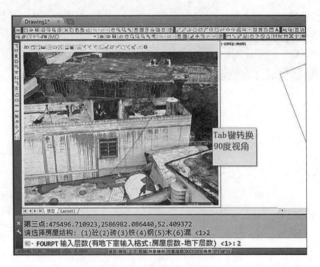

图 3-29　四点房屋绘制

3.4.3　直角绘制房屋

根据命令选择直角绘图"W"进入直角绘制的模式,选择墙体的一侧,输入后在第一个面上选择两个点,然后在其他面各选择一个点,最后一个面捕捉完毕后输入"C"闭合。按命令提示输入房屋结构和层数,如图 3-30 所示。

图 3-30　直角绘制房屋

3.4.4 阳台的绘制

在窗口右侧搜索栏中输入"yt",选择"阳台",命令区提示:

请选择:[(1)已知外端两点(2)皮尺量算(3)多功能复合线]<1>:输入"3",即选择"(3)多功能复合线",其他按提示输入。有弧线的地方输入"Q"命令,绘制弧线后再回到"W"状态,最后一点用命令"C"闭合。

阳台绘制后的效果如图 3-31 所示。

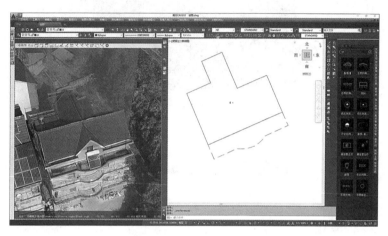

图 3-31 绘制阳台效果

任务 3.5 独立地物测图

遇到比较规则但复杂的独立地物时,首先利用 CAD 本身的绘图功能进行绘制,然后用相应地物符号进行轮廓的绘制,绘制完成后删除辅助线,进行贴地的操作,如图 3-32 所示。这里采用"更改矢量标高"的方式进行操作。

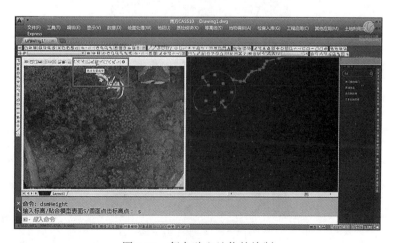

图 3-32 复杂独立地物的绘制

如果运用 S(贴合模型表面)出现错误,如图 3-32 所示,路灯符号标注在路灯的顶部,这时可以点击"更改矢量标高"→"图面点击标高点"来修改标高。

图 3-33　绘制的路灯

任务 3.6　土质植被绘图

3.6.1　绘制大致区域

对于相同的植被类型,我们使用地类界进行绘制。使用鼠标左键进行绘制的时候,可以按照提示在鼠标游动的时候按住 D 键(捕点),这样就可以采集到节点,同时防止拖屏的现象。采集的过程中,如碰到拐弯的地方,要多采集一个节点;对有边界线、拐点的地方也要尽量采到节点;在与水渠共边的地方,直接采集一个节点结束。绘制大致区域如图 3-34 所示。

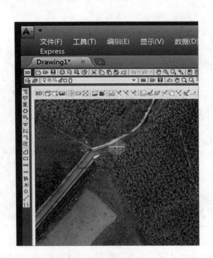

图 3-34　绘制大致区域

3.6.2 填充区域

找到相应植被类型后,先按照封闭区域内部点的方式进行填充,把小地块用地类界线划分出来(对于地类界和图形符号有遮盖的地方,在图形修饰的时候要进行调整),能捕捉到节点的尽量用节点捕捉,没有的话,则用最近点捕捉,还可选用跟踪或区间跟踪更快地进行绘制。

3.6.3 填充密度调整

点击"文件"→"CASS 参数配置"后,弹出"CASS 参数设置对话框",选择"绘图参数"→"地物绘制",就可以修改填充符号的间距,如图 3-35 所示。

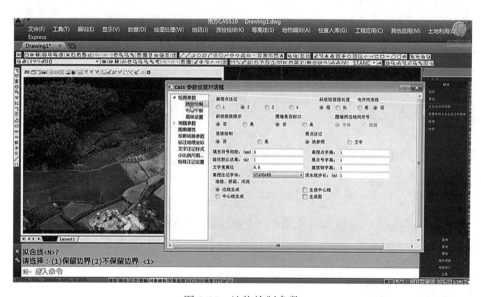

图 3-35 地物绘制参数

任务 3.7 管线设施测图

3.7.1 电杆和电力线的绘制

(1)选择电杆的编码,对准电杆底部的位置进行读取。
(2)电力线绘制的时候在图上判断电力线的走向,然后选择相应编码把相邻的两个电杆连接起来就完成了(黄线代表电力线的走向,白线就是连接电杆的骨架线)。

电杆和电力线的绘制效果如图 3-36 所示。

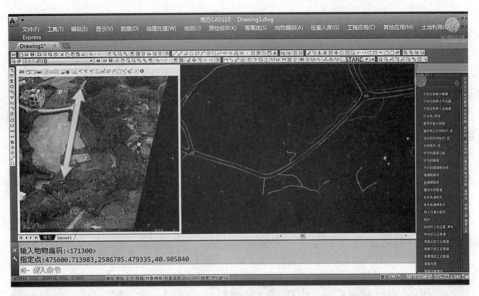

图 3-36 电杆和电力线的绘制效果

3.7.2 拷贝绘制功能

按住键盘上的 F 键,选择图面上已有地物符号,就可以直接进行绘制,不用再进行检索绘制。

任务 3.8 高程点、等高线

3.8.1 区域内高程点

区域当中没有植被遮挡,没有房屋,可以自动获取地表的这块区域,通过区域自动生成高程点,用地类界绘制区域的边界,执行闭合区域,选取高程点,最后删除边界线。然后用点取方式拾取地面上的高程点,点取的目标一般就是没有植被的地方和比较有特征点的地方,比如道路、道路面、房屋之间的空地、陡坎、电杆等。

3.8.2 生成等高线

1. 生成三角网文件

高程点基本采集完以后,就可以建立三角网,生成等高线。这里选择直接选取高程点或控制点,如图 3-37 所示。

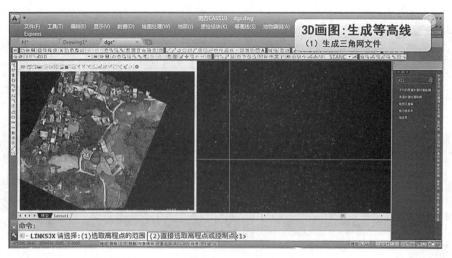

图 3-37　选择直接选取高程点或控制点

2. 修改三角网文件并保存

生成之后，如果图面上有边界线三角网等不是那么完美的地方，可以进行修剪，删除一部分，修剪完了以后要保存。

3. 生成等高线

利用保存后的结果绘制等高线，等高线间距为 1 m，采用 CAD 的矩形辅助功能圈出特别高或低的地方，方便检查是否有误，如图 3-38 所示。

图 3-38　等高线的生成

如图 3-39 所示，画在树叶上时，删除后重新再点一个高程点，检查完圈出来的高程点还要重新建立三角网、等高线，检查有没有处理不对的地方。

图 3-39 检查等高线

4. 等高线的修改

等高线在绘制时会自动拟合，线体上有很多节点，在修改时非常麻烦。

为使修改等高线变得简单，采用如下方法：在绘制等高线时不要直接使用绘制等高线工具，而使用复合线工具，因为复合线非常容易拉动和修改。在等高线绘制完后可以拟合复合线，然后为拟合后的复合线加注等高线属性即可。利用属性工具条可以更改等高线标高，这样画出的等高线套合得非常好，易于修改。

等高线的修整是以圆滑、走势清楚、美观为原则的。在遇到房屋及其他建筑物、双线道路、路堤、坑穴、陡坎、斜坡、湖泊、双线河、双线渠、水库、池塘以及注记等均应中断。CASS 成图软件提供了自动切除穿陡坎、穿围墙、穿二线间、穿高程注记、穿指定区域内的等高线等功能，完全满足等高线的修剪。

在等高线修剪时，用消隐穿高程注记等高线命令，去掉文字注记后，等高线不能恢复显示。需将整条等高线删掉再回退。

思考题

1. CASS_3D 绘图与项目二中介绍的一般成图有何区别？
2. CASS_3D 中三维界面与二维界面如何切换？
3. CASS_3D 中三维界面与二维界面中的命令是否通用？
4. CASS_3D 绘图还有什么需要改进的地方？

项目 4　不动产地籍测绘

本项目中，将学习使用南方 CASS 提供的相关模块实现地籍图、房产图等不动产图件的绘制方法。通过学习本项目，学生将掌握关于不动产地籍测绘的知识和技能。

【学习目标】

素质目标：增强对不动产地籍测绘的认知和理解，提高其对于土地和房屋等不动产的测量、记录和绘制的能力和兴趣。同时，结合课程思政，引导学生树立对不动产权益保护的意识，培养其职业道德和社会责任感。

知识目标：掌握不动产地籍测绘的基本概念、任务和方法，了解地籍测绘的流程和相关法律法规。

技能目标：能够进行简单的地籍测绘工作，包括导入、编辑和分析测绘数据，绘制地籍平面图和权属关系图等。

【学习重点】

(1)不动产地籍测绘的基本概念和任务；
(2)地籍测绘的流程和方法；
(3)地籍平面图和权属关系图的绘制方法；
(4)相关法律法规的应用。

【学习难点】

(1)理解和掌握不动产地籍测绘的细节和技巧；
(2)能够根据实际情况进行地籍测绘工作；
(3)理解和应用相关法律法规。

任务 4.1　绘制地籍平面图

地籍是土地管理的基础，地籍调查是土地登记规定的必经程序。地籍调查主要包括权属调查和地籍测量两大部分，前者主要工作是由相关人员实地共同指认界址点的位置及对界址点做出正确描述，并经本宗地、邻宗地指界人员签名确认；后者主要工作是运用科学手段测定界址点的位置、测算宗地的面积、绘制地籍图等。数字地籍调查测量的任务则是将这两者的工作形成计算机存储的数字、图形、文字信息。

用项目 2 介绍过的简码法绘出平面图。带简编码的坐标数据文件，可用简码法来完成。所绘平面图如图 4-1 所示。

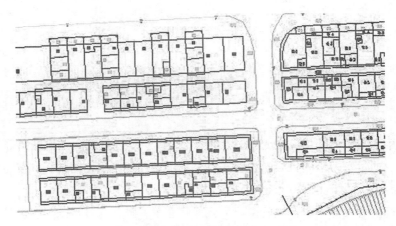

图 4-1 使用示例数据绘制的平面图

地籍部分的核心是带有宗地属性的权属线,生成权属线有两种方法:
(1)可以直接在屏幕上用坐标定点绘制;
(2)通过事前生成权属信息数据文件的方法来绘制权属线。

任务 4.2　生成权属信息数据文件

4.2.1　生成权属信息数据文件

权属信息数据文件可以通过文本方式编辑得到,得到该文件后,再使用"地籍"→"依权属文件绘权属图"命令绘出权属信息图。

注:权属信息数据文件中,界址点坐标只保留三位小数。

可以通过以下四种方法得到权属信息数据文件,如图 4-2 所示。

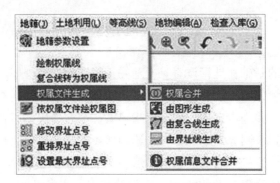

图 4-2　权属文件生成的四种方法

1. 权属合并

权属合并需要用到两个文件：权属引导文件和界址点数据文件。

权属引导文件的格式：

宗地号，权利人，土地类别，界址点号，…，界址点号，E(一宗地结束)

宗地号，权利人，土地类别，界址点号，…，界址点号，E(一宗地结束)

E(文件结束)

说明：

(1)每一宗地信息占一行，以 E 为一宗地的结束符，E 要求大写；

(2)编宗地号方法为街道号(地籍区号)+街坊号(地籍子区)+宗地号(地块号)，街道号和街坊号位数可在"参数设置"内设置；

(3)权利人按实际调查结果输入；

(4)土地类别按规范要求输入；

(5)权属引导文件的结束符为 E，E 要求大写。

权属引导文件示例如图 4-3 所示。

图 4-3　权属引导文件格式示例

如果需要编辑权属引导文件，可用鼠标点取菜单"编辑"→"编辑文本文件"命令，参考图 4-3 所示的文件格式和内容编辑好权属引导文件，存盘返回 CASS 主界面。

选择"地籍"→"权属文件生成"→"权属合并"命令，系统弹出"输入权属引导文件名"对话框，提示输入权属引导文件名，如图 4-4 所示。

选择上一步生成的权属引导文件，点击"打开"按钮。

系统弹出对话框，提示："输入坐标点(界址点)数据文件名"，类似上步，选择文件，点击"打开"按钮。

系统弹出对话框，提示："输入地籍权属信息数据文件名"，这里直接输入要保存地籍信息的权属文件名。

指令提示区显示："权属合并完毕!"，表示权属信息数据文件 SOUTHDJ.QS 已自动生成。这时按 F2 键可以看到权属合并的过程。

2. 由图形生成权属

在外业完成地籍调查和测量后，得到界址点坐标数据文件和宗地的权属信息，在内业，可以用此功能完成权属信息文件的生成工作。

图 4-4　输入权属引导文件名

先用"绘图处理"→"展野外测点点号"功能展出外业数据的点号，再选择"地籍"→"权属文件生成"→"由图形生成"命令，命令区提示：

请选择：(1)界址点号按序号累加(2)手工输入界址点号<1>：按要求选择，默认选 1。

接着弹出"输入地籍权属信息数据文件名"对话框，要求输入地籍权属信息数据文件名，保存在合适的路径下。如果此文件已存在，则提示：

文件已存在，请选择(1)追加该文件(2)覆盖该文件<1>：按实际情况选择。

输入宗地号：输入 0010100001。

输入权属主：输入"江那小区一巷"。

输入地类号：输入 251。

输入点：打开系统的捕捉功能，用鼠标捕捉到第一个界址点 1。

接着，命令行继续提示：

输入点：等待输入下一点。

……

依次选择 20，26，32，33，36，38，55，62，67，88 点。

输入点：回车或按空格键，完成该宗地的编辑。

请选择：1. 继续下一宗地　2. 退出〈1〉：输入 2，回车。

说明：输入 1，重复以上步骤继续下一宗地；输入 2，退出本功能。

这时，权属信息数据文件已经自动生成。以上操作采用的是坐标定位，也可用测点点号定位。用测点点号定位时不需要依次用鼠标捕捉到相应点，只需直接输入点号。

进入测点点号定位的方法是：在右侧屏幕菜单上找到"测点点号"，点击，系统弹出相应的对话框，要求输入点号对应的坐标数据文件。输入相应文件即可。

一般可以交叉使用坐标定位和测点点号定位两种方法。

3. 由复合线生成权属

由复合线生成权属这种方法在一个宗地就是一栋建筑物的情况下特别好用，不然的话就需要先手工沿着权属线画出封闭复合线。

选择"地籍"→"权属文件生成"→"由复合线生成"命令，在弹出的"输入地籍权属信息数据文件名"对话框中输入地籍权属信息数据文件名后，命令区提示：

选择复合线(回车结束)：用鼠标点取一栋封闭建筑物。

输入宗地号：输入"0010100001"，回车。

输入权属主：输入"江那小区一巷"，回车。

输入地类号：输入"251"，回车。

该宗地已写入权属信息文件！

请选择：1. 继续下一宗地　2. 退出〈1〉：输入2，回车。

说明：输入1，重复以上步骤继续下一宗地；输入2，退出本功能。

4. 由界址线生成权属

如果图上没有界址线，可用"地籍"，菜单下的"绘制权属线"生成，如图4-5所示。

注：在CASS中，"界址线"和"权属线"是同一个概念。

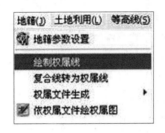

图4-5　"绘制权属线"菜单

使用绘制权属线功能时，系统会提示输入宗地边界的各个点。当宗地闭合时，系统将认为宗地已绘制完成，弹出对话框，要求输入宗地号、权属主、地类号等。输入完成后点击"确定"按钮，系统会将对话框中的信息写入权属线。

权属线里的信息可以被读出来，写入权属信息文件，这就是由权属线生成权属信息文件的原理。操作步骤如下：

执行"地籍"→"权属文件生成"→"由界址线生成"命令后，直接用鼠标在图上批量选取权属线，然后系统弹出对话框，要求输入权属信息文件名。这个文件将用来保存下一步要生成的权属信息。

输入文件名后，点击"保存"，权属信息将被自动写入权属信息文件。已有权属线再生成权属信息文件一般是用在统计地籍报表的时候。得到带属性权属线后，可执行"地籍"→"依权属文件绘权属图"命令作权属图。

4.2.2　权属信息文件合并

权属信息文件合并的作用是将多个权属信息文件合并成一个文件，即将多宗地的信息合并到一个权属信息文件中。这个功能常在需要将多宗地信息汇总时使用。

任务 4.3　绘权属地籍图

生成平面图之后，可以用手工绘制权属线的方法绘制权属地籍图，也可通过权属信息数据文件来自动绘制。

4.3.1　手工绘制

使用"地籍"→"绘制权属线"功能生成，并选择不注记，可以手工绘出权属线，这种方法最直观，权属线出来后，系统立即弹出"权属区属性"对话框，要求输入属性，点击"确定"按钮后，系统将宗地号、权利人、地类号等信息加到权属线里，如图 4-6 所示。

图 4-6　加入权属线属性

4.3.2　通过权属信息数据文件绘制

首先，可以利用"文件"→"CASS 参数设置"→"地籍参数"→"地籍图及宗地图"功能对成图参数进行设置。

特别要说明的是"宗地内图形"是否满幅的设置。CASS 5.0 以前的版本没有此项设置，默认均为满幅绘图，根据图框大小对所选宗地图进行缩放，所以有时会出现诸如 1∶1215 这样的比例尺。有些单位在出地籍图时不希望这样的情况出现，它们需要整百或整五十的比例尺。这时，可将"宗地图内图形"选项设为"不满幅"，再将其上的"宗地图内比例尺分母的倍数"设为需要的值。比如设为 50，成图时出现的比例尺只可能是 1∶(50N)，N 为自然数。

参数设置完成后，选择"地籍"→"依权属文件绘权属图"，CASS 界面弹出要求输入权属信息数据文件名的对话框，这时输入权属信息数据文件，命令区提示：

任务 4.3 绘权属地籍图

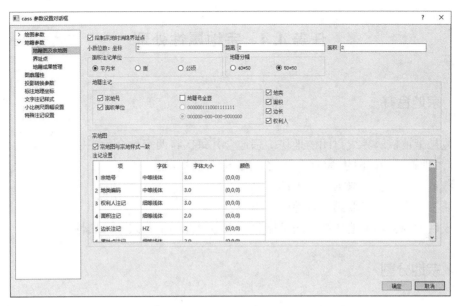

图 4-7 地籍参数设置

输入范围(宗地号.街坊号或街道号)<全部>：根据绘图需要，输入要绘制地籍图的范围，默认值为全部。

说明：可输入"街道号×××"，或输入"街道号×××街坊号××"，或输入"街道号×××街坊号××宗地号×××××"，输入绘图范围后程序就自动绘出指定范围的权属图。如输入0010100001，只绘出该宗地的权属图；输入00102，将绘出街道号为001街坊号为02的所有宗地权属图；输入001，将绘出街道号为001的所有宗地权属图。

最后得到图 4-8 所示的图形，存盘即可。

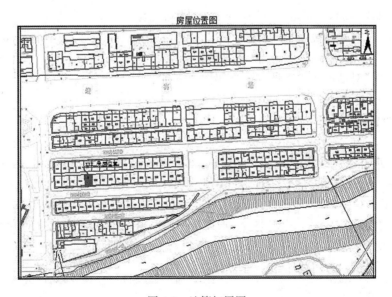

图 4-8 地籍权属图

任务 4.4　宗地属性处理

4.4.1　宗地合并

宗地是指被权属界线封闭的地块。宗地合并每次将两宗地合为一宗。
执行"地籍"菜单下的"宗地合并"命令，命令区提示：
选择第一宗地：点取第一宗地的权属线。
选择另一宗地：点取第二宗地的权属线。
完成后发现，两宗地的公共边被删除。宗地属性为第一宗地的属性。

4.4.2　宗地分割

宗地分割就是每次将一宗地分割为两宗地。执行此项工作前必须先将分割线用复合线画出来。
执行"地籍"→"宗地分割"命令，命令区提示：
选择要分割的宗地：选择要分割宗地的权属线。
选择分割线：选择用复合线画出的分割线。
回车后，原来的宗地自动分为两宗，但此时属性与原宗地相同，需要进一步修改其属性。

4.4.3　修改宗地属性

执行"地籍"→"修改宗地属性"命令，命令区提示：
选择宗地：用鼠标点取宗地权属线或注记均可。点中后系统弹出图 4-9 所示的对话框。
"宗地属性"对话框包含宗地的全部属性，一目了然。

4.4.4　输出宗地属性

输出宗地属性功能可以将上图所示的宗地信息输出到 ACCESS 数据库。执行"地籍"菜单下的"输出宗地属性"命令，屏幕弹出对话框，提示输入 ACCESS 数据库文件名，输入文件名。请选择要输出的宗地：选取要输出到 ACCESS 数据库的宗地。选完后回车，系统将宗地属性写入给定的 ACCESS 数据库文件名。用户可自行将此文件用微软公司的 ACCESS 打开。

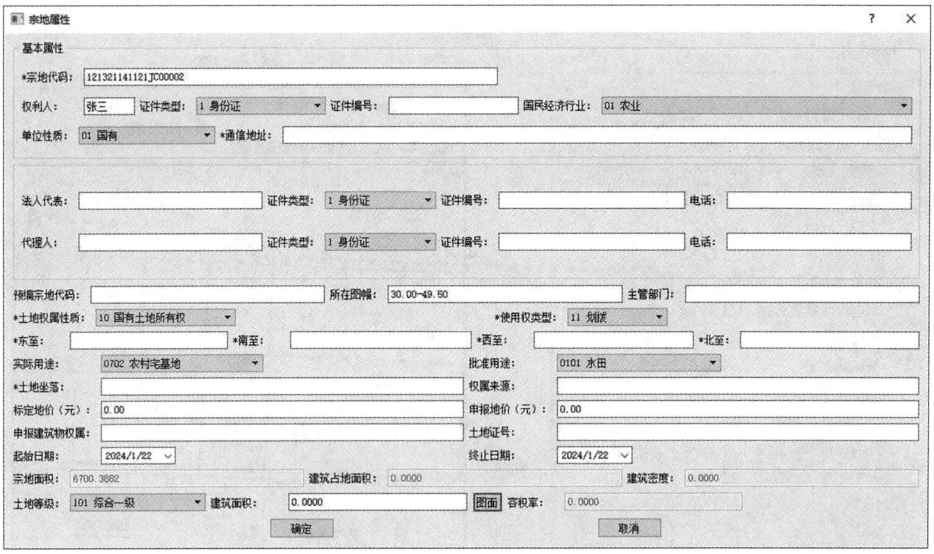

图 4-9 "宗地属性"对话框

任务 4.5　宗地图输出

宗地图是以宗地为单位在地籍图的基础上编绘而成的，是描述宗地位置、界址点、线和相邻宗地关系的实地记录，是土地证书和宗地档案的附图。在地籍测绘工作的后期阶段，当对界址点坐标进行检核确认无误后，并且在其他的地籍资料正确收集完毕的情况下，依照一定的比例尺编绘宗地图。在不动产管理的日常工作中，如果发生土地权属变化、新增建设项目用地等情况，也会实地测量宗地图，并及时对分幅地籍图进行补充更新。

在完成地籍图的绘制以后，便可制作宗地图了。具体有单块宗地和批量处理两种方法，两种方法都是基于带属性的权属线的。

4.5.1　单块宗地

单块宗地方法可用鼠标划出切割范围。打开图形地籍图。选择"地籍"→"绘制宗地图框"→"单个绘制宗地图"，弹出图 4-10 所示的"宗地图参数设置"对话框，根据需要选择宗地图的各种参数后点击"确定"按钮，屏幕提示如下：

用鼠标器指定宗地图范围：
第一角：用鼠标指定要处理宗地的左下方。
另一角：用鼠标指定要处理宗地的右上方。
用鼠标器指定宗地图框的定位点：屏幕上任意指定一点。
一幅完整的宗地图就画好了，如图 4-11 所示。

图 4-10 "宗地图参数设置"对话框

图 4-11 单块宗地图

4.5.2 批量处理

批量处理方法可批量绘出多宗宗地图。打开图形,选择"地籍"→"绘制宗地图框"→"批量输出宗地图"。命令区提示:

用鼠标器指定宗地图框的定位点:指定任一位置。

请选择宗地图比例尺:(1)自动确定(2)手工输入 <1>:直接回车默认选 1。

是否将宗地图保存到文件?(1)否(2)是 <1>:回车默认选 1。

选择对象:用鼠标选择若干条权属线后回车结束,也可开窗全选。

若干幅宗地图画好了,如图 4-12 所示,如果要将宗地图保存到文件,则在所设目录中生成若干个以宗地号命名的宗地图形文件,而且可以选择按实地坐标保存。

另外,用户可以自己定制宗地图框。首先需要新建一幅图,按自己的要求绘制一个合适的宗地图框,并保存为合适的图名。然后,在"地籍"下拉菜单下的"地籍参数设置"里更改自定义宗地图框里的内容。将图框文件名改为所定义的文件名,设置文字大小和图幅尺寸,输入宗地号、权利人、图幅号各种注记相对于图框左下角的坐标。地籍权属的参数设置参见图 4-7。将地籍权属的参数设置好后,就可以使用"绘图处理"→"宗地图框(可缩放图)\自定义"功能,此菜单下又分为"单块宗地"和"批量处理"两种。依此操作,即可加入自定义的宗地图框。

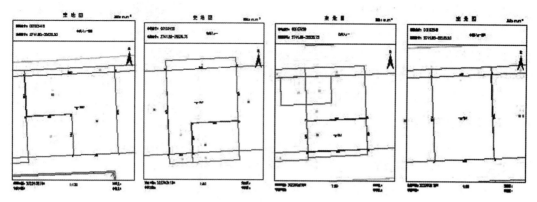

图 4-12 批量输出宗地图

任务 4.6 地籍表格输出

4.6.1 界址点成果表

1. 单个输出界址点成果表

选择"地籍"→"绘制地籍表格"→"单个界址点成果表"命令,弹出对话框,要求输入权属信息数据文件名,输入".QS"文件。

命令区提示:

请选择宗地:用鼠标指定要输出界址点成果表的宗地。

弹出保存路径对话框:设置界址点成果表的保存路径。

弹出是否要打开的对话框:点击"打开",打开输出的界址点成果表,如图 4-13 所示。

界 址 点 成 果 表					第 1 页
					共 1 页
宗地号:						
权利人:						
宗地面积(平方米):96.00						
建筑面积(平方米):						
2000国家大地坐标系						
序号	点号	坐标		边 长
			x(m)	y(m)	
1	J1	2741461.396	35535609.930	8.01
2	J2	2741461.773	35535617.931	
					11.99
3	J3	2741449.801	35535618.479	
					8.01
4	J4	2741449.423	35535610.478	
					11.99
1	J1	2741461.396	35535609.930	
制表:张三		校审:李四		2019年12月22日

图 4-13 宗地的界址点成果表

2. 批量输出界址点成果表

批量输出界址点成果表的操作与单个输出界址点成果表的操作基本一样，只是执行"地籍"→"绘制地籍表格"→"批量输出界址点成果表"命令。

4.6.2 地籍调查表

1. 单个输出地籍调查表

选择"地籍"→"绘制地籍表格"→"单个地籍调查表"命令，命令区提示：

请选择宗地：用鼠标点取要输出的宗地。

弹出"地籍调查表参数设置"对话框，如图 4-14 所示，设置对应的参数后，选择保存路径。

保存后打开文件，地籍调查表效果如图 4-15 所示。

图 4-14　"地籍调查表参数设置"对话框

基本表			
土地权利人	张三	单位性质	
		证件类型	
		证件编号	
		通讯地址	
土地权属性质	\	使用权类型	\
土地位置			
法定代表人或负责人姓名		证件类型	电话
		证件编号	
代理人姓名		证件类型	电话
		证件编号	
居民经济行业分类代码			
预编宗地代码		宗地代码	121327141121 0000084

图 4-15　地籍调查表

2. 批量输出地籍调查表

批量输出地籍调查表的操作与单个输出地籍调查表的操作基本一样，只是执行"地籍"→"绘制地籍表格"→"批量输出地籍调查表"命令。

思考题

1. 权属线与多段线(复合线)有什么区别?
2. 如何修改界址点的编号?
3. 如何生成指定大小的地籍图?
4. 绘制房产图与绘制地籍图的区别是什么?
5. 房产图的面积计算方法与标注方法是怎样的?

项目 5　土地利用

本项目将介绍如何利用 CASS 软件进行土地利用现状及变化情况调查，包括地类、位置、面积、分布等状况，土地权属及变化情况，土地条件等状况。通过学习本项目，学生将深入了解土地调查的重要性和应用，掌握土地利用现状及变化情况调查的基本知识和技能。

【学习目标】

素质目标：通过学习土地调查的重要性和应用，培养学生对土地资源的珍惜和保护意识，树立可持续发展的观念。

知识目标：了解土地调查的基本概念、目的和方法，掌握土地利用现状及变化情况调查的内容和流程。

技能目标：学会利用 CASS 软件进行土地利用现状及变化情况调查，包括地类、位置、面积、分布等状况的绘制、统计和质量控制。

【学习重点】

(1) 土地调查的基本概念、目的和方法；
(2) 土地利用现状及变化情况调查的内容和流程；
(3) 利用 CASS 软件进行土地利用现状及变化情况调查的技能。

【学习难点】

(1) 土地调查中的复杂情况和数据处理；
(2) 利用 CASS 软件进行土地利用现状及变化情况调查的技能掌握；
(3) 结合实际案例进行综合分析和应用。

任务 5.1　土地详查

土地调查的目的是全面查清土地资源和利用状况，掌握真实准确的土地基础数据，为科学规划、合理利用、有效保护土地资源，实施最严格的耕地保护制度，加强和改善宏观调控提供依据，促进经济社会全面协调可持续发展。

土地调查包括下列内容：

(1) 土地利用现状及变化情况，包括地类、位置、面积、分布等状况；
(2) 土地权属及变化情况，包括土地的所有权和使用权状况；
(3) 土地条件，包括土地的自然条件、社会经济条件等状况。进行土地利用现状及变化情况调查时，应当重点调查基本农田现状及变化情况，包括基本农田的数量、分布和保护状况。

土地调查分为以下几类。

(1)全国土地调查：是指国家根据国民经济和社会发展需要，对全国城乡各类土地进行的全面调查。

(2)土地变更调查：是指在全国土地调查的基础上，根据城乡土地利用现状及权属变化情况，随时进行城镇和村庄地籍变更调查和土地利用变更调查，并定期进行汇总统计。

(3)土地专项调查：是指根据国土资源管理需要，在特定范围、特定时间内对特定对象进行的专门调查，包括耕地后备资源调查、土地利用动态遥感监测和勘测定界等。

(4)土地详查：在CASS软件中，将土地调查要用到的绘制行政区界、绘制权属区界、生成地类界线(包括线状地类、零星地类)、修改地类要素属性、土地利用图质量控制、统计土地利用面积等相关功能统称为土地详查。

土地详查主要用于城镇土地利用情况的统计工作。根据行政区界线、权属界线、权属区内的图斑界线类型来统计一定行政区或权属区内土地的分类和利用情况。土地详查将土地分为农用地、建设用地、未利用地三大类，每大类下再细分至具体类型，如011表示水田，012表示水浇地(CASS 10使用的是《土地利用现状分类》(GB/T 21010—2017)发表的土地分类码)。

5.1.1 绘制土地利用图

土地利用模块的一般操作流程为：

第一步，绘制行政界：包括面状行政区和村民小组，如图5-1所示。

第二步，生成图斑：面状图斑、零星图斑、线状图斑。

第三步，图斑叠盖检查：检查图斑之间是否存在叠盖和缝隙。

第四步，分级面积控制：检查行政区范围面积=图斑面积之和。

第五步，输出成果：统计土地利用面积、图斑面积汇总表。

1. 绘制行政区界

土地利用图中，行政区界按级别划分，从大到小分别是县区界、乡镇界、村界、村民小组，每一级的行政区界都有两种画法。

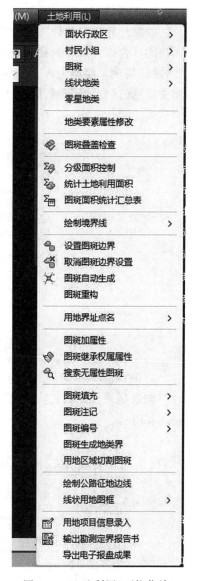

图5-1 "土地利用"下拉菜单

1)直接绘制

如画县界时,选择"土地利用"→"面状行政区"→"县区绘制"命令(见图5-2),进入多功能复合线直接绘制县界的功能。关于多功能复合线的操作详见菜单"工具"→"多功能复合线"说明。绘制完成,系统弹出图5-3所示的"行政区属性"对话框,要求输入县界的相关信息(区划代码和行政区名可以在中华人民共和国民政部网站及相关网站查询),便于后续的统计工作。

图5-2 绘制行政区界菜单

点击"确定"按钮,命令行提示:

行政区域注记位置:用鼠标点取行政区内部一点,程序自动在该点绘上行政注记,如图5-4所示。

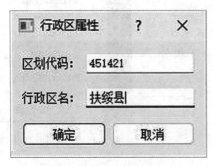

图5-3 "行政区属性"对话框　　　　图5-4 注记示意图

在土地详查中,要保证所有的地类界必须闭合,便于分类面积统计。

在已有的地类界上绘图时,不必全部画出行政区的所有边线,只要绘制部分边线,保证与已有的地类线形成封闭区域,程序就可以自动形成行政区界。如图5-5中,要形成"村民小组"ABCDE,则绘制时只需点击B、C,程序自动弹出"村民小组属性"对话框,完成属性信息录入之后,命令行提示"行政区域注记位置:"时,如果在封闭区域ABCDE内部点取一点,就可以形成"村民小组"ABCDE(见图5-6);如果在封闭区域BFGHIC内部点取一点,则会形成"村民小组"BFGHIC。

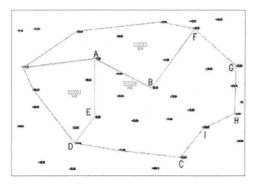
图 5-5 绘制行政区界示意图

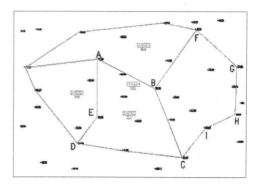
图 5-6 绘制行政区界成果图

2)内部点生成

画村民小组时,选择"土地利用"→"村民小组"→"内部点生成"命令,命令行提示:

输入行政区内部一点:用鼠标在行政区图上点取一点,如果该点周边不存在封闭区域,会在命令行提示"找不到封闭区域",如图 5-7 所示。

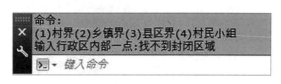

图 5-7 命令行提示

如果存在一个闭合区域,程序将自动搜索该闭合区域,并用阴影高亮显示,如图 5-8 所示,同时命令行显示:

是否正确?(Y/N)<Y>:直接回车默认为 Y,即确认;否则输入 N,取消操作。

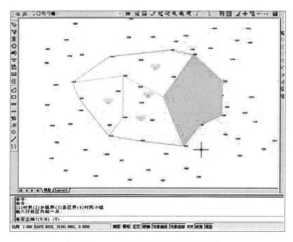

图 5-8 内部点生成行政区　　　　图 5-9 "村民小组属性"对话框

点击"确认"之后,屏幕弹出图 5-9 所示的"村民小组属性"对话框,要求输入村民小组的属性信息,点击"确定"之后,即完成内部点绘图工作。

以同样的方法,可以绘制县区界、乡镇界等行政区界。需注意的是,低一级各行政区的面积和应该等于上一级行政区的总面积,同理,行政区内子权属区的面积和应该等于该行政区的总面积,权属区内各图斑的面积和应该等于该权属区的总面积。当剩下的区域刚好构成一个区域时,可以直接由内部点提取边界生成该区域边界。

2. 绘制地类

1)绘制图斑

绘制图斑,也有绘图和内部点生成两种方式,如图 5-10 所示的"图斑"菜单结构。绘制图斑的操作方法与绘制行政区界的方法基本相同,只是生成完图斑之后弹出的对话框不同,如图 5-11 所示。绘下一个图斑时,图斑号将自动累加,权属信息保留上一次填入的信息,方便图斑属性录入。

图 5-10 "图斑"菜单结构

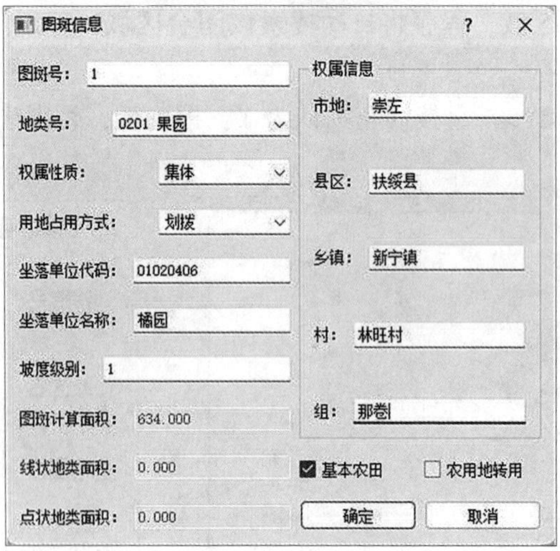

图 5-11 "图斑信息"对话框

2)绘制线状地类

选择"土地利用"→"线状地类"命令,进入多功能复合线直接绘制线状地类的状态。关于多功能复合线的操作详见菜单"工具"→"多功能复合线"说明。绘制完成,屏幕弹出

图 5-12 所示的"线状地类属性"对话框,要求输入线状地类的相关信息,便于后续的统计工作。

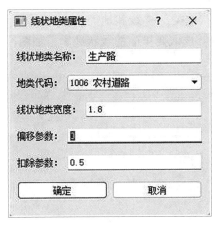

图 5-12 "线状地类属性"对话框

3) 绘制零星地类

选择"土地利用"→"零星地类"命令,命令行提示:

输入零星地类位置:在土地利用图上点取零星地类的位置,系统弹出图 5-13 所示的"零星地类属性"对话框。输入零星地类的"地类代码"和"零星地类面积",点击"确定"按钮保存并退出,完成一个零星地类的绘制。

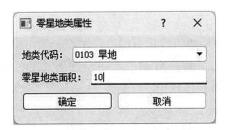

图 5-13 "零星地类属性"对话框

5.1.2 地类要素属性和拓扑操作

1. 地类要素属性修改

CASS 提供了强大的地类要素属性修改功能,根据选择的不同类型的地类要素,弹出相应地类要素属性框。

选择"土地利用"→"地类要素属性修改"命令,命令行提示:

选择地类要素:在土地利用图上选择相关的地类要素,当选择的是"零星地类"时,系统弹出图 5-13 所示的"零星地类属性"对话框,当选择的是线状地类时,系统弹出图

5-12所示的"线状地类属性"对话框,当选择的是行政区时,屏幕弹出图5-13所示的"行政区属性"对话框。

2. 线状地类扩面

选择"土地利用"→"线状地类"→"线状地类扩面"命令,命令行提示:

选择要扩面的线状地类:选取要扩面的线状地类,如图5-14(a)所示。

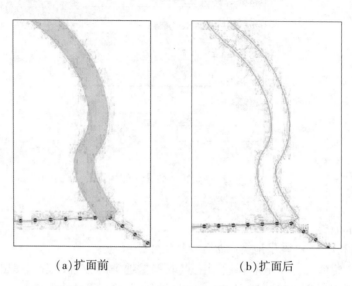

(a)扩面前　　　　　　　　(b)扩面后

图 5-14　线状地类扩面

命令行提示:

选择对象:找到 1 个。

选择对象:如果还要对其他的线状地类进行扩面,则可以继续选择其他线状地物。

回车或点右键("确认"),程序自动把上一步骤所选的线状地物转换为图斑地类(面状),如图5-14(b)所示,转换过程中,保证地类号不变。处理完成,命令行提示:

共处理了 1 条面状地类。

接着,可以用"地类要素属性修改"命令修改新建图斑的信息。

3. 线状地类检查

处理跨图斑的线状地类时,可以选择"土地利用"→"线状地类"→"线状地类检查"命令,如果图面存在跨越图斑的线状地类,则系统弹出图 5-15 所示的消息框。点击"Yes",程序自动以图斑边线切割所有跨越图斑的线状地类;点击"No",则取消本次操作。

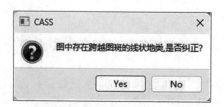

图 5-15　线状地类检查消息框

如果图面不存在跨越图斑的线状地类,命令行提示:
图形中不存在跨越图斑的线状地类。

4. 图斑叠盖检查

选择"土地利用"→"图斑叠盖检查"命令,命令行提示:
选择边界线:选择图上要进行图斑叠盖检查的范围(边界)。
如果图面上存在图斑叠盖,则命令行会显示如下信息:
1,图斑　存在空隙
起点:30578666.679,4238539.625　终点:30578631.335,4238380.596
2,图斑　存在空隙
起点:30578717.261,4238590.295　终点:30578712.626,4238578.499
如果图面上不存在图斑叠盖,命令行提示:
检查完成
没有发现图斑交叉与空隙问题

5. 分级面积控制

选择"土地利用"→"分级面积控制"命令。
如果各级行政区与其下一级的各子面积之和都相等,则命令行提示:
检查完毕,各级面积控制正确
否则,弹出图 5-16 所示的消息框。

图 5-16　图斑叠盖检查出错消息框

5.1.3　统计面积

1. 统计图斑面积

选择"土地利用"→"图斑"→"统计面积"命令,命令行提示:
输入统计表左上角位置:在图面空白处点取一点,确定统计表左上角的位置。
(1)选目标(2)选边界 <1>:第一种方式是直接选取要统计的图斑,第二种方式是选取要统计图斑的边界;默认选项是直接框选统计图斑。
执行完上一步操作后,按回车或右键("确定"),程序自动在刚才点取的位置输出土地分类面积统计表,如图 5-17 所示。

2. 统计土地利用面积

选择"土地利用"→"统计土地利用面积"命令,命令行提示:
选择行政区或权属区:在图面上选取要统计土地利用面积的行政区或权属区。
请选择输出方式:<1> 输出到 Excel <2> 输出到 CAD 图纸:输入 1,可以输出到 Excel 表格,也可以输出到 CAD 图纸。当选择输出到 CAD 图纸时,可以输入 2,回车。
输入每页行数:<20>:输入每页的行数,默认为 20。
输入分类面积统计表左上角坐标:在图面空白处点取统计表的左上角坐标。

土地分类面积统计表

序号	地类名称 （有二级类的列二级类）	地类号	面积（m²）	备注
1	茶园	0202	284303.64	
2	水浇地	0102	95971.41	
3	果园	0201	580148.65	
4	旱地	0103	528627.46	
5	水田	0101	628232.66	
合计			2117283.82	

图 5-17　土地分类面积统计表

执行完上一步操作后，程序自动在刚才点取的位置输出城镇土地分类面积统计表，如图 5-18 所示。

图 5-18　城镇土地分类面积统计表

任务 5.2　土地勘测定界

土地勘测定界（以下简称勘测定界）是根据土地征用、划拨、出让、农用地转用、土地利用规划及土地开发、整理、复垦等工作的需要，实地界定土地使用范围、测定界址位置、调绘土地利用现状、计算用地面积，为国土资源行政主管部门用地审批和地籍管理提供科学、准确的基础资料。

5.2.1　绘制土地勘测定界图

1. 绘制境界线

CASS 提供了多种类型境界线（见图 5-18）的绘制功能，包括省界、市界、县界，等等。

例如，绘制"县界"，选择"土地利用"→"绘制境界线"→"县界"命令，进入多功能复合线绘制县界状态，在命令区按提示输入相关命令来绘制县界。

2. 生成图斑

绘完境界线，就可以用图斑自动生成功能自动生成图斑。

图 5-19 "绘制境界线"菜单

选择"土地利用"→"图斑自动生成"命令,系统弹出图 5-20 所示"图斑生成参数设置"对话框,输入相关参数,其中"图斑最长边长"文本框中须填入 2~10000 之间的数字。点击"确定",即可根据境界线图,自动生成图斑。

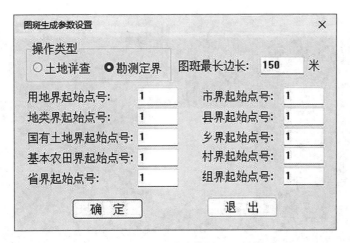

图 5-20 "图斑生成参数设置"对话框

图斑自动生成功能只在境界线中,搜索所有封闭区域,然后生成图斑。如果要使其他线也参与封闭区域计算,要用"土地利用"→"设置图斑边界"命令,把其他线设置成图斑边界,待图斑生成之后,可以用"土地利用"→"取消图斑边界设置"命令,取消图斑边界的设置。图 5-21 显示了设置图斑边界前后复合线的状态。

3. 图斑加属性

选择"土地利用"→"图斑加属性"命令,命令行提示:

请指定图斑内部一点:在现有的图斑内部点取一点,程序将自动搜索该图斑,并用阴

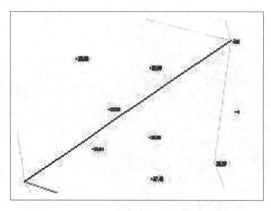 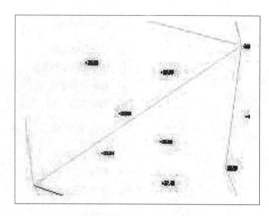

（a）设置图斑边界前的复合线　　　　　（b）设置图斑边界后的复合线

图 5-21　设置图斑边界

影高亮显示，如图 5-22 所示，同时弹出"图斑信息"对话框，录入相关信息后，点击"确定"按钮，退出"图斑信息"对话框，进入下一图斑的属性添加操作。

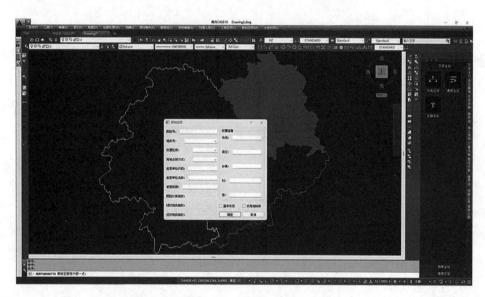

图 5-22　图斑加属性

如果该点周边不存在封闭区域，程序会弹出图 5-23 所示的消息框。

为避免遗漏，用"土地利用"→"搜索无属性图斑"命令全图搜索未加属性的图斑，并居中显示，然后可以用"土地利用"→"图斑加属性"命令为其加属性；如果图面不存在未加属性的图斑，命令行提示：

没有发现无属性的图斑。

图 5-23 不存在封闭区域的消息框

5.2.2 土地勘测定界图整饰

1. 图斑颜色填充

选择"土地利用"→"图斑填充"→"图斑颜色填充"命令，命令行提示：

请选择要填色的图斑：选取要填充颜色的图斑。

选择对象：指定对角点：找到 7529 个。

选择对象：如果还要对其他的图斑进行颜色填充，可以继续选择其他线状地物。

回车或按右键（"确认"），程序自动依据地类定义文件（cass\system\dilei.def,）中设置的颜色填充图斑，效果如图 5-24 所示。

如果要取消对图斑的颜色填充，可选择"土地利用"→"删除图斑颜色填充"命令。

2. 图斑符号填充

选择"土地利用"→"图斑填充"→"图斑符号填充"命令，程序自动依据地类定义文件中设置的符号填充图斑，如图 5-25 所示。

如果要取消对图斑的符号填充，可选择"土地利用"→"图斑填充"→"删除图斑符号填充"命令。

图 5-24 图斑颜色填充效果图

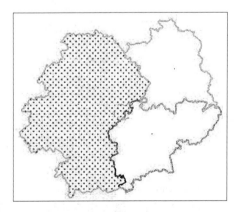

图 5-25 图斑符号填充效果图

任务 5.3　公路征地应用

5.3.1　绘制公路征地边线

选择"土地利用"→"绘制公路征地边线"命令，命令行提示：

请选取公路设计中线：选择要绘制征地边线的公路设计中线（公路设计中线的绘制详见"项目六　工程应用"）；如果图面上只有一条公路设计中线，默认地就选取了该线，无须再手工选取。

选取公路设计中线，系统弹出"绘制公路征地边线"对话框。CASS 提供了两种绘制方式：逐个绘制和批量绘制。

1. 逐个绘制

如图 5-26 所示，填入相关的参数，如"桩间隔""桩号""边宽"等。点击"绘制"，程序绘完一个桩，桩号自动累加，准备下一个桩的绘制；其中在拐弯的地方可适当减小桩间隔，保证边线尽量逼近实际位置；点击"回退"，可以撤销最后绘制的桩；点击"关闭"，退出对话框，结束征地边线绘制。

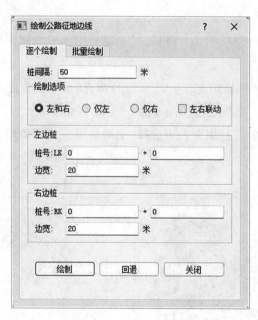

图 5-26　"绘制公路征地边线"对话框"逐个绘制"选项卡

2. 批量绘制

如图 5-27 所示，填入相关参数，必须要填"起点桩号"和"终点桩号"。点击"绘制"，程序根据用户所填的参数，批量绘制出涉及的所有的桩；点击"回退"，撤销上一次批量绘制的桩；点击"关闭"，退出对话框，结束征地边线绘制。

任务 5.3　公路征地应用

图 5-27　"绘制公路征地边线"对话框"批量绘制"选项卡

5.3.2　线状用地图框

"线状用地图框"菜单如图 5-28 所示。

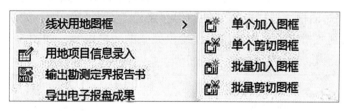

图 5-28　"线状用地图框"菜单

1. 单个加入图框

选择"土地利用"→"线状用地图框"→"单个加入图框"命令，命令行提示：

请输入图框左下角位置：沿公路设计中线，点取图框的左下角位置，屏幕显示要加入的图框，并确定图框的旋转方向，如图 5-29 所示。

2. 单个剪切图框

选择"土地利用"→"线状用地图框"→"单个剪切图框"命令，命令行提示：

选择图框：选择要剪切的图框。

91

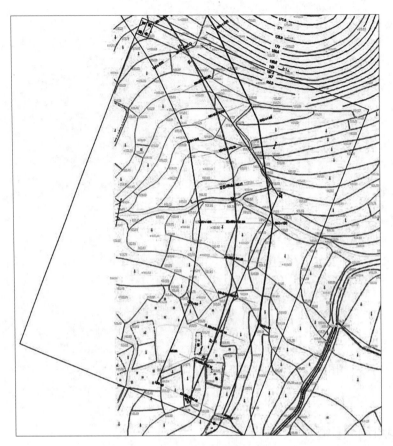

图 5-29　加入单个图框效果

请指定图框定位点：在图面空白处点取图框的绘制位置；系统弹出图 5-30 所示的"指定图幅存放路径"对话框，选择图框文件的保存路径，点击"确定"，如果不保存，则点击"取消"；接着在刚才指定的图框定位点，绘出完整的图框内容，如图 5-31 所示。

图 5-30　"指定图幅存放路径"对话框

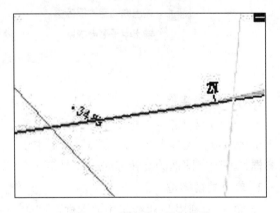

图 5-31　单个剪切图框效果

3. 批量加入图框

选择"土地利用"→"线状用地图框"→"批量加入图框"命令，命令行提示：

选择道路中线：选择要批量加入图框的公路设计中线。

请输入分幅间距(米)：<800>190：输入分幅的间距，默认是800，这里输入190。程序根据相关参数，沿公路设计中线批量加入图框，效果如图 5-32 所示。

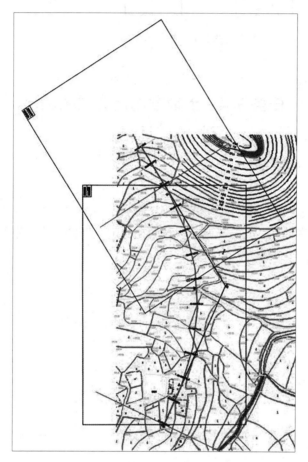

图 5-32 批量加入图框效果

4. 批量剪切图框

选择"土地利用"→"线状用地图框"→"批量剪切图框"命令，命令行提示：

选择道路中线：选择要批量剪切图框的公路设计中线；程序自动搜索该中线上所有存在的图框。

请输入图幅起始页数：<1>：输入图幅起始的页数，默认为1，即第一个图框的图号为1。

请输入图幅总页数：<5>：输入图幅起始的页数，默认为(起始页数+总页数-1)。

请指定图框定位点：在图面空白处点取图框的绘制位置；屏幕弹出图 5-30 所示的"指

定图幅存放路径"对话框，选择图框文件的保存路径，点击"确定"，如果不保存，则点击"取消"；接着在刚才指定的图框定位点，绘出所有的图框内容，并标上图号，如图 5-33 所示。

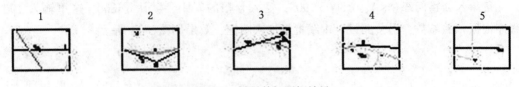

图 5-33 批量剪切图框效果

任务 5.4 土地勘测定界成果输出

5.4.1 用地项目信息录入

选择"土地利用"→"用地项目信息录入"命令，系统弹出"项目信息"对话框，如图 5-34 所示。填写相关参数，点击"确定"，作为勘测定界报告书的部分内容。该信息只存在当前的图形文件中。

图 5-34 "项目信息"对话框

5.4.2 土地勘测定界报告书

选择"土地利用"→"输出勘测定界报告书"命令，系统弹出"生成勘测定界报告书"对话框，如图 5-35 所示。填写相关参数，点击"确定"，程序生成勘测定界报告书，并保存在"生成勘测定界报告书"对话框填写的报告书保存路径中。

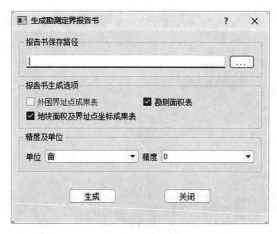

图 5-35 "生成勘测定界报告书"对话框

生成的报告书，效果如图 5-36 所示。

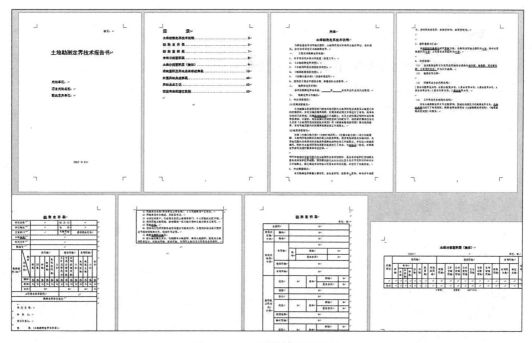

图 5-36 土地勘测定界报告书

5.4.3 电子报盘系统

选择"土地利用"→"导出电子报盘成果"命令，系统弹出"选择报盘系统数据库文件"对话框，如图 5-37 所示。选择目标文件，点击"打开"，程序将把当前图面上的土地勘测定界信息导入报盘系统数据库文件中；点击"取消"，放弃本次操作，退出对话框。

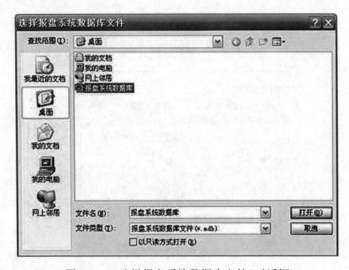

图 5-37 "选择报盘系统数据库文件"对话框

思考题

1. 土地利用模块中的哪些功能与地籍功能有关？
2. 土地分类面积统计可以用哪些功能实现？
3. 如何输出公路征地图？

项目6 工程应用

本项目将介绍使用 CASS 软件，利用数字地形图获取各种地形信息，如量测点的坐标、两点间的距离和方位、点的高程等。利用数字地形图，还可以建立数字地面模型 DTM。利用 DTM，可以进行面积计算、体积计算，确定场地平整的填挖边界，计算填、挖方量，绘制断面图等。

【学习目标】

素质目标：培养学生对土方工程和工程应用的实践能力和创新意识，提高解决实际工程问题的能力；提升对断面图绘制和工程应用的理解和认识，培养对工程设计的严谨性和精确性的追求；提高对地理信息系统的综合应用能力，提高对地理信息科学领域的探索和研究的热情。

知识目标：掌握数字地形图的基本要素、查询方法及应用，土方计算的方法及工程应用，断面图的绘制方法及工程应用。

技能目标：掌握数字地形图的查询方法、土方计算方法和断面图的绘制技能，并能够在实际工程中应用这些技能。

【学习重点】

(1) 数字地形图的基本要素和查询方法；
(2) 土方计算的几种常用方法及工程应用；
(3) 断面图的绘制方法及工程应用。

【学习难点】

(1) 数字地形图的复杂查询方法及应用；
(2) 土方计算的复杂场景及精度控制；
(3) 断面图的细节处理及工程应用。

任务6.1 基本几何要素的查询

本任务主要介绍如何查询指定点坐标，查询两点距离及方位，查询线长，查询实体面积等。

6.1.1 查询指定点坐标

用鼠标点击"工程应用"菜单，执行图 6-1 中的"查询指定点坐标"命令，然后用鼠标点取所要查询的点即可；也可以先进入点号定位方式，再输入要查询的点号。

项目 6 工程应用

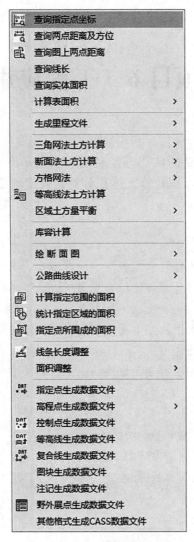

图 6-1 "工程应用"菜单

系统左下角状态栏显示的坐标是笛卡儿坐标系中的坐标,与测量坐标系的 X 和 Y 的顺序相反。用此功能查询时,系统在命令行给出的 X、Y、H 是测量坐标系的值,查询结果如图 6-2 所示。

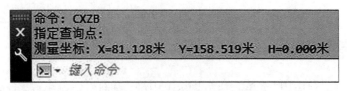

图 6-2 查询指定点坐标

6.1.2 查询两点距离及方位

用鼠标点击"工程应用"→"查询两点距离及方位",用鼠标分别点取所要查询的两点即可。也可以先进入点号定位方式,再输入两点的点号,查询结果如图 6-3 所示。

CASS 10.1 所显示的坐标为实地坐标,所以所显示的两点间的距离为实地距离。

图 6-3 查询两点距离及方位

6.1.3 查询图上两点距离

CASS 10.1 新增了"查询图上两点距离"子菜单,用于查询当前比例尺地形图中两点之间的图上距离。具体操作方法如下:

用鼠标点击"工程应用"→"查询图上两点距离"子菜单,并根据命令区提示操作:

选择第一点:鼠标捕捉指定第一点。

选择第二点:鼠标捕捉指定第二点,系统会立即显示被查询两点之间的图上距离,并提示当前图形的比例尺,查询结果如图 6-4 所示。

图 6-4 查询图上两点距离

6.1.4 查询线长

在南方 CASS 软件中,我们可以查询各种线条的长度,例如查询直线的长度、多段线的长度、样条曲线的长度、圆或圆弧的长度、陡坎的长度、房屋的周长、等高线的长度等。具体操作方法如下:

用鼠标点击"工程应用"→"查询线长"子菜单,命令区提示:

选择对象:用鼠标拾取需要查询的对象即可。

查询结果如图 6-5 和图 6-6 所示。

 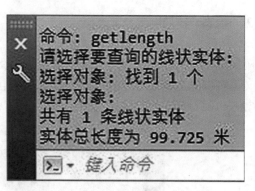

图 6-5　查询线长在绘图区的结果显示　　图 6-6　查询线长在命令区的结果显示

6.1.5　查询实体面积

在南方 CASS 软件中，我们可以查询圆、矩形、多段线围成的闭合图形、房屋、等高线围成的范围等实体的面积。该面积为平面面积。

1. 选取实体边线

用鼠标点击"工程应用"→"查询实体面积"子菜单，命令区提示：

选取实体边线：用鼠标拾取需要查询的对象即可。

例如，查询一条等高线围成的范围的面积，查询结果如图 6-7 所示。

2. 点取实体内部点

用鼠标点击"工程应用"→"查询实体面积"，命令区提示：

点取实体内部点：用鼠标在需要查询的实体内部空白处点击，系统会用黑色突出显示所选区域，并在命令行询问：

区域是否正确？（Y/N）：输入 Y 确认即可查询出显示结果。

例如，查询一条多段线围成的范围的面积，查询结果如图 6-8 所示。

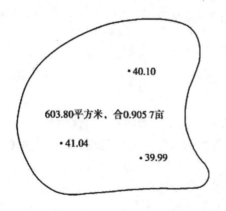 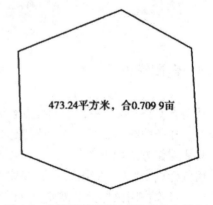

图 6-7　查询实体面积（选取实体边线）　　图 6-8　查询实体面积（点取实体内部点）

6.1.6 计算表面积

在南方 CASS 软件中，可以计算地形图上地表某一区域的表面积(非平面面积)。主要方式有"根据坐标文件""根据图上高程点""根据三角网"三种，如图 6-9 所示。

图 6-9 "计算表面积"菜单

计算表面积时，首先需要确定计算范围。该范围可以是房屋围成的范围、地类界围成的范围或者用 pline 命令绘制多段线围成的范围等。具体操作方法如下：

用鼠标点击"工程应用"→"计算表面积"子菜单，选择"根据坐标文件"方式，命令区提示：

选取计算区域边界线：用鼠标拾取图 6-10 中的地类界范围边界线。

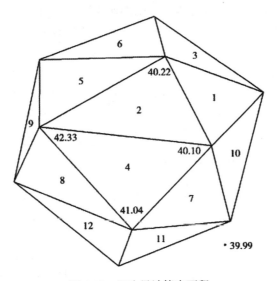

图 6-10 以边界计算表面积

输入高程点数据文件名，指定文件目录。命令区提示：

请输入边界插值间隔(米)：<20>：根据计算精度要求输入插值间隔(值越小则精度越高，通常输入 20 米、15 米、10 米等值)。如直接回车，即默认输入 20，则系统计算出表面积为 488.661 平方米(见图 6-11)。

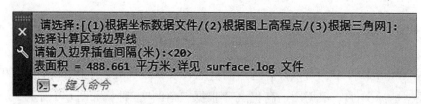

图 6-11　计算表面积在命令区的显示

另外，计算表面积还可以根据图上高程点，操作的步骤与上相同，但计算的结果会有差异，因为由坐标文件计算时，边界上内插点的高程由全部的高程点参与计算得到，而由图上高程点来计算时，边界上内插点只与被选中的点有关，故边界上点的高程会影响到表面积的结果。到底用哪种方法计算合理与边界线周边的地形变化条件有关，变化越大的，越趋向于由图面来选择。

6.1.7　计算指定范围的面积

CASS 软件还可以计算地形图上矩形、多段线围成的图形、四点房屋、多点房屋、闭合等高线圈出的范围、地类界围成的范围(拟合和不拟合的均可)等图形对象的面积。具体操作方法如下：

用鼠标点击"工程应用"→"计算指定范围的面积"，命令区提示：

[(1)选目标/(2)选图层/(3)选指定图层的目标/(4)建筑物]<1>：如选择"(1)选目标"，系统提示：

选择对象：选择图 6-12 所示的多点房屋对象后回车，系统提示：

是否对统计区域加青色阴影线？<Y>：直接回车加阴影线，则自动计算出：总面积=1 382 平方米。

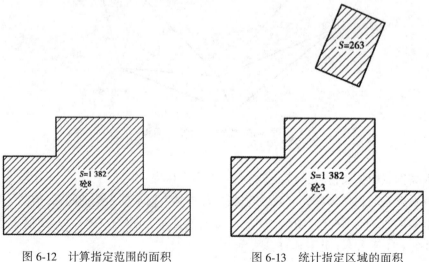

图 6-12　计算指定范围的面积　　　　图 6-13　统计指定区域的面积

在上述计算过程中，也可以使用"(2)选图层"等其他选项，此时系统提示：

图层名：输入"JMD"表示选择整个居民地图层。

系统提示：

是否对统计区域加青色阴影线？<Y>：直接回车加阴影线，则自动计算出 JMD 图层上所有居民地面积的总和，并逐个用阴影显示每一处居民地的面积。

6.1.8 统计指定区域的面积

对于上述已经用"计算指定范围的面积"子菜单计算出的图上各区域面积，可以用"统计指定区域的面积"子菜单进行面积的统计工作。具体操作方法如下：

用鼠标点击"工程应用"→"统计指定区域的面积"，命令区提示：

选择对象：用窗口(W.C)或多边形窗口(WP.CP)等方式选择已计算过面积的区域。

选择对象，指定对角点：找到 10 个，回车结束选择，则系统统计出窗口区域的总面积=1 645 平方米，如图 6-13 所示。

6.1.9 计算指定点所围成的面积

计算指定点所围成的面积，主要用捕捉的方式，在地形图上指定 3 个及 3 个以上的点，系统自动计算出指定点所围成的几何图形的平面面积。具体操作方法如下：

用鼠标点击"工程应用"→"指定点所围成的面积"，命令区提示：

指定点：用鼠标捕捉房屋的第 1 点。

指定点：用鼠标捕捉房屋的第 2 点。

指定点：用鼠标捕捉房屋的第 3 点。

指定点：用鼠标捕捉房屋的第 4 点。

指定点：直接回车，则显示 4 个指定点所围成的面积=45 平方米，如图 6-14 所示。

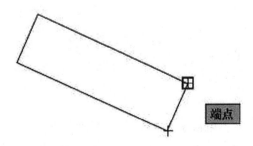

图 6-14　计算指定点所围成范围的面积

任务 6.2　土方量的计算

在工程建设中，经常需要进行土方量和石方量的计算，这实际上是一个体积计算问题。由于各种实际工程项目的不同，地形复杂程度不同，因此需计算体积的形体也是复杂多样的。

CASS 软件完成土方计算，通常有四种主要的计算方式：方格网法、断面法、三角网法、等高线法。

6.2.1　方格网法土方计算

方格网法是根据地形图来量算平整土地区域的填挖土方量的常用方法。由方格网来计算土方量是根据实地测定的地面点坐标(X，Y，Z)和设计高程，通过生成方格网来计算每一个方格内的填挖方量，最后累计得到指定范围内填方和挖方的土方量，并绘出填挖方分界线。

系统首先将方格的四个角上的高程相加(如果角上没有高程点，通过周围高程点内插得出其高程)，取平均值与设计高程相减，然后通过指定的方格边长得到每个方格的面积，再用长方体的体积计算公式得到填挖方量。方格网法简便直观，易于操作，因此这一方法在实际工作中应用非常广泛。

用方格网法计算土方量，设计面可以是平面，也可以是斜面，还可以是三角网，如图 6-15 所示。

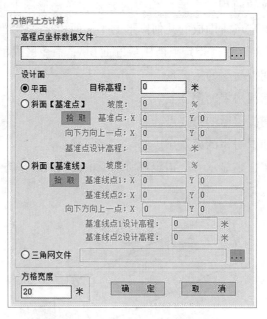

图 6-15　"方格网土方计算"对话框

1. 设计面是平面的操作步骤

(1)用复合线画出所要计算土方的区域，一定要闭合，但是尽量不要拟合。拟合过的曲线在进行土方计算时会用折线迭代，影响计算结果的精度。

（2）选择"工程应用"→"方格网法"→"方格网法土方计算"命令，如图6-16所示。

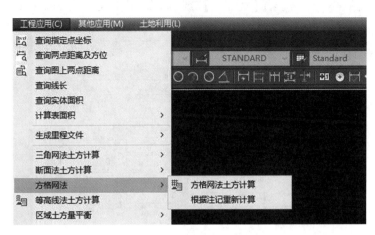

图6-16 "方格网法"菜单

（3）命令行提示：

选择计算区域边界线：选择土方计算区域的边界线（闭合复合线）。

（4）系统将弹出图6-15所示的"方格网土方计算"对话框，在该对话框中选择所需的坐标文件；在"设计面"栏选择"平面"，并输入目标高程；在"方格宽度"栏输入方格网的宽度，这是每个方格的边长，默认值为20米。方格的宽度越小，计算精度越高。但如果给的值太小，超过了野外采集的点的密度也是没有实际意义的。

（5）点击"确定"，命令行提示：

最小高程=××.×××，最大高程=××.×××

总填方=××××.×立方米，总挖方=×××.×立方米

同时，图上绘出所分析的方格网，填挖方的分界线，并给出每个方格的填挖方，每行的挖方和每列的填方，效果如图6-17所示。

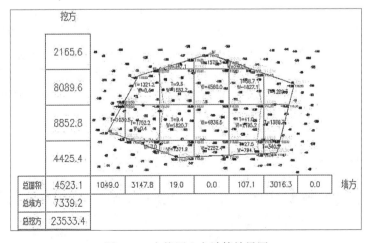

图6-17 方格网土方计算效果图

2. 设计面是斜面的操作步骤

设计面是斜面的时候，操作步骤与平面的时候基本相同，区别在于在"方格网土方计算"→"设计面"栏中，选择"斜面【基准点】"或"斜面【基准线】"，如图 6-18 所示。

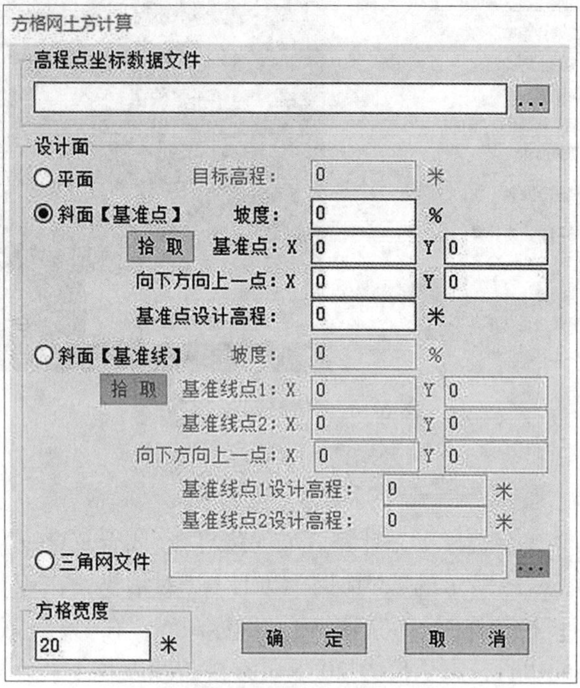

图 6-18 设计面选择斜面

如果设计的面是斜面(基准点)，需要确定坡度、基准点和向下方向上一点的坐标，以及基准点的设计高程。首先点击"拾取"，命令行提示："点取设计面基准点"，在图面上确定设计面的基准点后，命令行提示："指定斜坡设计面向下的方向"，在图面上点取斜坡设计面向下的方向后，输入基准点设计高程后点击"确定"，系统开始计算填挖方量。

如果设计的面是斜面(基准线)，需要输入坡度并点取基准线上的两个点的坐标以及基准线向下方向上一点的坐标，最后输入基准线上两个点的设计高程。同样先点击"拾取"，命令行提示："点取基准线第一点"，在图面上点取基准线的第一点、第二点后，命令行提示："指定设计高程低于基准线方向上的一点"，在图面上指定基准线方向两侧低的一边后，输入基准线点 1 设计高程、基准线点 2 设计高程后，点击"确定"，系统开始计算填挖方量。

6.2.2 断面法土方计算

断面法计算土方，通常在横断面图的基础上进行。所以，这里先介绍生成里程文件和绘制横断面图的方法，再讲述断面法土方计算。

1. 生成里程文件

用鼠标点击"工程应用"→"生成里程文件",如图 6-19 所示,有五种生成里程文件的方法。

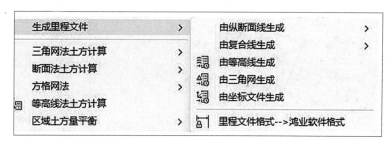

图 6-19　生成里程文件菜单

1)由纵断面线生成

在生成里程文件之前,要先用复合线绘制出纵断面线。用鼠标点击"工程应用"→"生成里程文件"→"由纵断面线生成"→"新建",按命令提示:"选择纵断面线",用鼠标拾取纵断面线,会弹出图 6-20 所示的"由纵断面生成里程文件"对话框。

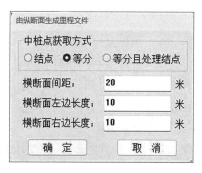

图 6-20　"由纵断面生成里程文件"对话框

中桩点获取方式有三种:结点表示结点上要有断面通过;等分表示从起点开始用相同的间距;等分且处理结点表示用相同的间距且要考虑不在整数间距上的结点。选择其中一种方式,设置横断面间距(例如 20 米)、横断面左边长度(例如 10 米)、横断面右边长度(例如 10 米),点击"确定",即可生成图 6-21 所示的横断面线。

"由纵断面线生成"的其他编辑功能如图 6-22 所示。

(1)添加:在现有基础上添加纵断面线。执行"添加"命令,命令行提示:

选择纵断面线:用鼠标选择纵断面线。

输入横断面左边长度(米):10。

输入横断面右边长度(米):10。

选择获取中桩位置方式:(1)鼠标定点(2)输入里程 <1>:1 表示直接用鼠标在纵断面线上定点,2 表示输入线路加桩里程。

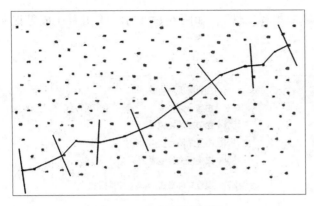

图 6-21　生成的横断面线　　　　图 6-22　"由纵断面线生成"命令

指定加桩位置：用鼠标定点或输入里程。

（2）变长：可将图上横断面左右长度进行改变。执行"变长"命令，命令行提示：

选择纵断面线：

选择横断面线：

选择对象：找到一个

选择对象：

输入横断面左边长度(米)：20

输入横断面右边长度(米)：20，输入左右的目标长度后该断面变长。

（3）剪切：指定纵断面线和剪切边后剪掉部分断面多余部分。

（4）设计：直接给横断面指定设计高程。首先绘出横断面线的切割边界，选定横断面线后弹出设计高程输入框，在此指定设计高程。

（5）生成：当横断面设计完成后，点击"生成"，将设计结果生成里程文件。

2）由复合线生成

"由复合线生成"命令用于生成纵断面的里程文件，从断面线的起点开始，按间距记下每一交点在纵断面线上离起点的距离和所在等高线的高程。

3）由等高线生成

由等高线生成里程文件的方法只能用来生成纵断面的里程文件。从断面线的起点开始，处理断面线与等高线的所有交点，依次记下每一交点在纵断面线上离起点的距离和所在等高线的高程。

首先在图上绘出等高线，再用轻量复合线绘制纵断面线（可用 PL 命令绘制）；用鼠标点击"工程应用"→"生成里程文件"→"由等高线生成"，屏幕提示："请选取断面线"，用鼠标点取所绘纵断面线后，系统弹出"输入断面里程数据文件名"对话框，输入文件名，保存要生成的里程数据；屏幕提示："输入断面起始里程：<0.0>"，如果断面线起始里程不为 0，在这里输入具体值。回车，里程文件生成完毕。

4）由三角网生成

由三角网生成里程文件的方法也只能用来生成纵断面的里程文件。从断面线的起点开始，处理断面线与三角网的所有交点，依次记下每一交点在纵断面线上离起点的距离和所在三角形的高程。

首先在图上生成三角网，再用轻量复合线绘制纵断面线（可用 PL 命令绘制），鼠标点击"工程应用"→"生成里程文件"→"由三角网生成"，屏幕提示："请选取断面线"，用鼠标点取所绘纵断面线；点取后系统会弹出"输入断面里程数据文件名"对话框，输入文件名，保存要生成的里程数据；屏幕提示："输入断面起始里程：<0.0>"，如果断面线起始里程不为 0，在这里输入具体值。回车，里程文件生成完毕。

5）由坐标文件生成

用鼠标点击"工程应用"→"生成里程文件"→"由坐标文件生成"，系统弹出"由坐标文件生成里程文件"对话框，如图 6-23 所示。

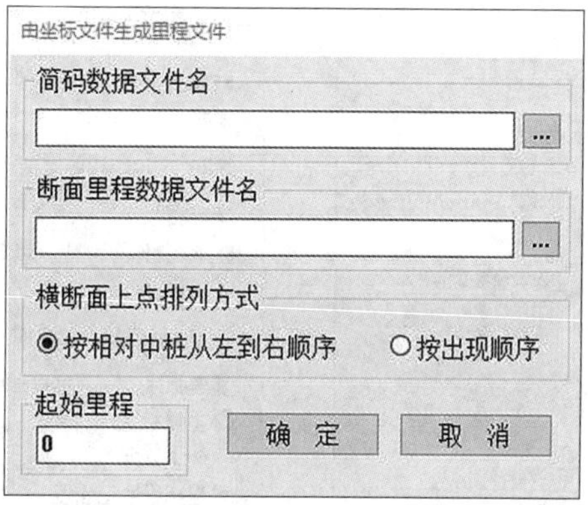

图 6-23　"由坐标文件生成里程文件"对话框

首先选择简码数据文件，简码数据文件的编码必须按以下方法定义，具体可见"DEMO"子目录下的"ZHD. DAT"文件。

简码数据文件格式：

总点数

点号，M1，X 坐标，Y 坐标，高程（其中，代码 Mi 表示道路中心点）

点号，1，X 坐标，Y 坐标，高程（该点是对应 Mi 的道路横断面上的点）

……

点号，M2，X 坐标，Y 坐标，高程

点号，2，X 坐标，Y 坐标，高程

……

点号，Mi，X 坐标，Y 坐标，高程

点号，i，X 坐标，Y 坐标，高程

……

注意：M1、M2、M3 各点应按实际的道路中线点顺序，而同一横断面的各点可不按顺序。

指定简码数据文件后，点击保存要生成的里程数据，命令行出现提示："输入断面序号：<直接回车处理所有断面>"：如果输入断面序号，则只转换坐标文件中该断面的数据；如果直接回车，则处理坐标文件中所有断面的数据。

生成里程文件还可以用手工输入和编辑。手工输入就是直接在文本中编辑里程文件，在某些情况下这比由图面生成等方法还要方便、快捷。

2. 绘制道路横断面图

用鼠标点击"工程应用"→"断面法土方计算"→"道路断面"子菜单，系统弹出图6-24所示的"断面设计参数"对话框，在其中指定前面生成的里程文件、横断面设计文件、道路宽度等参数后，点击"确定"按钮，会弹出"绘制纵断面图"对话框，如图6-25所示，在其中设置比例、绘图位置等，点击"确定"后，系统会按照对话框中指定的坐标位置绘制纵断面图，如图6-26所示。

图6-24 "断面设计参数"对话框

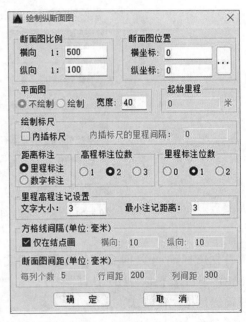
图6-25 "绘制纵断面图"对话框

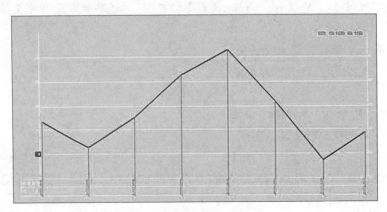
图6-26 绘制的纵断面图

绘制纵断面图后，系统会提示指定横断面图起始位置，鼠标指定位置后会绘制横断面图，如图 6-27 所示。

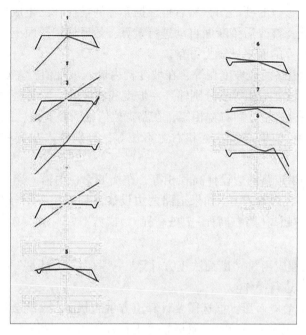

图 6-27　绘制的横断面图

上述绘制过程中，涉及了横断面设计文件，这里做简略介绍。横断面的设计参数可以事先写入一个文件中，点击"工程应用"→"断面法土方计算"→"道路设计参数文件"，弹出图 6-28 所示的"道路设计参数设置"对话框，点击"增加"或"批量增加"，在弹出的对话框中输入相应的设计参数，点击"保存"。文本格式如图 6-29 所示。

图 6-28　"道路设计参数设置"对话框

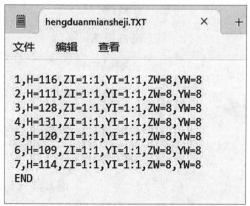

图 6-29　道路参数设计文档

如果不使用道路设计参数文件，则可在图 6-24 中把实际设计参数填入各相应的位置（单位均为米）。输入道路参数设计值数据时应注意以下几点：

（1）该设计参数对所有断面有效，即输入一次断面设计参数，则所有断面都照该参数来批量生成相同设计参数的断面图，然后可根据实际的情况在已生成的断面图上修改其设计参数或实际地面线，修改后该断面自动进行重算，最后使用图面土方计算功能在图上拉框选取要进行土方计算的面来计算土方量。

（2）坡度：如果道路两边坡度相等，在坡度栏内输入坡度值，左坡度和右坡度栏内输入 0；如果道路两边坡度不相等，分别输入左坡度和右坡度，坡度栏内输入 0。

（3）路宽：如果道路左宽和右宽相等，在路宽栏内输入路宽值（左宽和右宽之和），左宽和右宽栏内输入 0；如果道路左宽和右宽不相等，分别输入左宽和右宽，路宽栏内输入 0。

（4）横坡率：如果道路两边设计高程相等，在横坡率栏内输入路边相对于路中的横坡率，左超高和右超高栏内输入 0；如果道路两边设计高程不相等，分别输入左超高（路左高程−中桩高程）和右超高（路右高程−中桩高程），横坡率栏内输入 0。

3. 计算土方量

用鼠标点击"工程应用"→"断面法土方计算"→"图面土方计算"子菜单，如图 6-30 所示，并按命令行提示进行操作：

选择要计算土方的断面图：框选需要计算土方量的断面，系统会提示找到了多少个对象。指定土石方计算表左上角位置，鼠标指定土石方计算表在图上的位置，即可绘制土石方计算表。同时命令行显示计算结果：

总填方=××××.× 立方米，总挖方=×××.× 立方米

图 6-30 "图面土方计算"子菜单

如果用鼠标点击"工程应用"→"断面法土方计算"→"图面土方计算（excel）"子菜单，选择要计算的断面后，系统会自动生成图 6-31 所示的"土石方数量计算表"。

土石方数量计算表

里程	中心高(m)		横断面积(m*m)		平均面积(m*m)		距离(m)	总数量(m*m*m)	
	填	挖	填	挖	填	挖		填	挖
K0+0.00	0.14		56.82	0					
					34.61	16.99	20	692.23	339.75
K0+20.00		0.37	12.41	33.98					
					16.24	38.46	20	324.83	769.29
K0+40.00	0.09		20.08	42.95					
					10.04	58.11	20	200.77	1162.17
K0+60.00		3.17	0	73.26					
					4.19	44.06	20	83.72	881.2
K0+80.00		0.58	8.37	14.86					
					13.39	20.18	20	267.8	403.64
K0+100.00		0.23	18.41	25.51					
					16.9	12.75	20	337.95	255.07
K0+120.00	0.24		15.39	0					
					8.52	8.24	17.07	145.43	140.64
K0+137.07		0.51	1.65	16.48					
合计								2052.73	3951.75

图 6-31　土石方数量计算表

6.2.3　三角网法土方计算

三角网模型计算土方量是根据实地测定的地面点坐标(X, Y, Z)和设计高程,通过生成三角网来计算每一个三棱锥的填挖方量,最后累计得到指定范围内填方和挖方的土方量,并绘出填挖方分界线。

三角网法土方计算共有三种方法,如图 6-32 所示。第一种是由坐标数据文件计算,第二种是依照图上高程点进行计算,第三种是依照图上的三角网进行计算。前两种算法包含重新建立三角网的过程,第三种方法直接采用图上已有的三角形,不再重建三角网。

图 6-32　"三角网法土方计算"菜单

下面分述三种方法的操作过程:

1. 根据坐标文件计算

(1)用复合线画出所要计算土方的区域,一定要闭合,但是尽量不要拟合。因为拟合过的曲线在进行土方计算时会用折线迭代,影响计算结果的精度。

(2)用鼠标点击"工程应用"→"三角网法土方计算"→"根据坐标文件"。

(3)系统提示:"选择边界线",用鼠标点取所画的闭合复合线。弹出图 6-33 所示的"DTM 土方计算参数设置"对话框。

区域面积:该值为复合线围成的多边形的水平投影面积。

平场标高:设计要达到的目标高程。

图 6-33 "DTM 土方计算参数设置"对话框

边界采样间距：边界插值间距的设定，默认值为 20 米。

边坡设置：选中"处理边坡"复选框后，则坡度设置功能变为可选，选中放坡的方式（向上或向下：指平场高程相对于实际地面高程的高低，平场高程高于地面高程则设置为向下放坡。不能计算向内放坡，不能计算向范围线内部放坡的工程），然后输入坡度值。

（4）设置好计算参数后屏幕上显示填挖方的提示框，如图 6-34 所示。命令行显示：

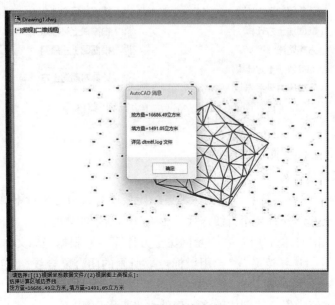

图 6-34 填挖方提示框

挖方量=××××立方米,填方量=××××立方米

同时,图上绘出所分析的三角网、填挖方的分界线(白色线条)。计算三角网构成详见"cass\system\dtmtf.log"文件。

(5)关闭对话框后系统提示:"请指定表格左下角位置:<直接回车不绘表格>",用鼠标在图上适当位置点击,CASS 会在该处绘出一个结果,包含平场面积、最小高程、最大高程、平场标高、填方量、挖方量和图形,如图 6-35 所示。

三角网法土方计算结果如图 6-36 所示。

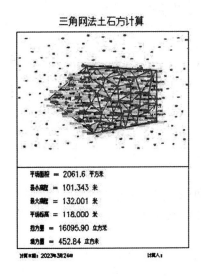

图 6-35　填挖方量计算结果

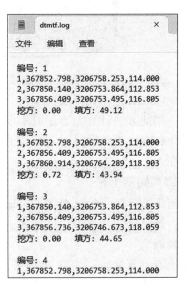

图 6-36　三角网法土方计算结果

2. 根据图上高程点计算

(1)展绘高程点,然后用复合线画出所要计算土方的区域。

(2)用鼠标点击"工程应用"→"三角网法土方计算"→"根据图上高程点"。命令区提示:

选择边界线:用鼠标点取所画的闭合复合线。

选择高程点或控制点:此时可逐个选取要参与计算的高程点或控制点,也可拖框选择。如果键入"ALL"回车,将选取图上所有已经绘出的高程点或控制点。弹出"DTM 土方计算参数设置"对话框,后续操作与根据坐标文件计算方法一样。

3. 根据图上三角网计算

(1)对已经生成的三角网进行必要的添加和删除,使结果更接近实际地形。

(2)用鼠标点击"工程应用"→"三角网法土方计算"→"根据图上三角网"。命令区提示:

平场标高(米):输入平整的目标高程。

请在图上选取三角网:用鼠标在图上选取三角形,可以逐个选取,也可拉框批量选取。回车后屏幕上显示填挖方的提示框,如图 6-37 所示,同时图上绘出所分析的三角网、填挖方的分界线(白色线条)。

图 6-37　根据三角网计算填挖方的提示框

注意：用此方法计算土方量时不要求给定区域边界，因为系统会分析所有被选取的三角形，因此在选择三角形时一定要注意不要漏选或多选，否则计算结果有误，且很难检查出问题所在。

4. 计算两期间土方

两期间土方计算指的是对同一区域进行了两期测量，利用两次观测得到的高程数据建模后叠加，计算出两期之中的区域内土方的变化情况。适用的情况是两次观测时该区域都是不规则表面。

两期土方计算之前，要先对该区域分别进行建模，即生成 DTM 模型，并将生成的 DTM 模型保存起来。然后点击"工程应用"→"三角网法土方计算"→"计算两期间土方"，命令区提示：

第一期三角网：(1)图面选择(2)三角网文件 <2>：图面选择表示当前屏幕上已经显示的 DTM 模型，三角网文件指保存到文件中的 DTM 模型。

第二期三角网：(1)图面选择(2)三角网文件 <1>：1，同上，默认选 1，则系统弹出计算结果(见图 6-38)。

图 6-38　两期间土方计算结果

图 6-39　两期间土方计算效果图

点击"确定"后，屏幕出现两期三角网叠加的效果，蓝色部分表示此处的高程已经发生变化，红色部分表示没有变化，如图 6-39 所示。同时命令行提示："请指定表格左上角位置：<直接回车不绘表格>"，在绘图区的空白处用鼠标点击计算表格的绘制位置，即可绘制出两期间土方计算的表格，如图 6-40 所示。

二期间土方计算

	一期	二期
平场面积	8721.9平方米	8721.9平方米
三角形数	341	341
最大高程	132.001米	131.948米
最小高程	101.343米	100.052米
挖方量	3330.22立方米	
填方量	10479.83立方米	

图 6-40 两期间土方计算表

6.2.4 等高线法土方计算

用户如果是用白纸图扫描矢量化后得到的地图，是没有高程数据文件的，因此无法用前面的几种方法计算土方量。但是图上都会有等高线，所以，CASS 开发了由等高线计算土方量的功能。用此功能可计算任两条等高线之间的土方量，但所选等高线必须是闭合的。由于两条等高线所围面积可求，两条等高线之间的高差已知，可求出这两条等高线之间的土方量。具体操作如下：

点击"工程应用"→"等高线法土方计算"。命令区提示：

选择参与计算的封闭等高线：可逐个点取参与计算的等高线，也可按住鼠标左键拖框选取。但是只有封闭的等高线才有效。

回车后命令区提示：

输入最高点高程：<直接回车不考虑最高点>：回车后，系统弹出图 6-41 所示的总方量消息框。

回车后命令区提示：

请指定表格左上角位置：<直接回车不绘制表格>：在图上空白区域点击鼠标右键，系统将在该点绘出计算结果，如图 6-42 所示。

从表格中可以看到每条等高线围成的面积和两条相邻等高线之间的土方量，还有计算公式等。

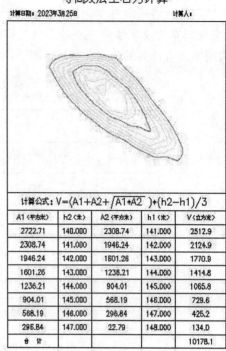

图 6-41　等高线法土方计算总方量消息框　　　　图 6-42　等高线法土方计算结果

6.2.5　区域土方量平衡

所谓区域土方量平衡，是指在某一施工区域，确定一个合理的场地平整施工标高，使本区域内的填方和挖方工程量相等。该设计标高将作为计算填挖土方工程量、进行土方平衡调配、选择施工机械、制订施工方案的依据。

如图 6-43 所示，用鼠标点击"工程应用"→"区域土方量平衡"，会有"根据坐标文件"和"根据图上高程点"两种方式。

图 6-43　"区域土方量平衡"菜单

(1) 在图上展出点，用复合线绘出需要进行土方平衡计算的边界。
(2) 点击"工程应用"→"区域土方量平衡"→"根据坐标文件"或"根据图上高程点"。如果要分析整个坐标数据文件，可直接回车；如果没有坐标数据文件，而只有图上的高程点，则选择"根据图上高程点"。

命令行提示：

选择边界线：点取所画闭合复合线。

输入边界插值间隔(米)：<20>：这个值将决定边界上的取样密度，如前面所说，如果密度太大，超过了高程点的密度，实际意义并不大。一般用默认值即可。

如果前面选择"根据坐标文件"，这里将弹出对话框，要求输入高程点坐标数据文件名；如果前面选择的是"根据图上高程点"，此时命令行将提示："选择高程点或控制点"，用鼠标选取参与计算的高程点或控制点。回车后弹出图 6-44 所示的消息框。

同时命令行出现提示：

平场面积=××××平方米

土方平衡高度=×××米，挖方量=×××立方米，填方量=×××立方米

(3) 点击图 6-44 所示对话框中"确定"按钮，命令行提示："请指定表格左下角位置：<直接回车不绘制表格>"，在图上空白区域点击鼠标左键，在图上绘出计算结果，如图 6-45 所示。

图 6-44 土方量平衡消息框

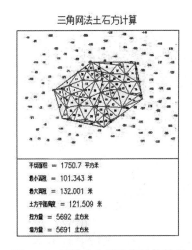
图 6-45 区域土方量平衡计算结果

任务 6.3　断面图的绘制

绘制断面图的方法有四种，即根据已知坐标、根据里程文件、根据等高线、根据三角网，如图 6-46 所示。

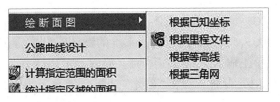
图 6-46 "绘断面图"菜单

6.3.1 根据已知坐标

坐标文件是指野外观测得到的包含高程点的文件。根据已知坐标绘制断面图的方法如下：

(1)用复合线生成断面线，点击"工程应用"→"绘断面图"→"根据已知坐标"命令。命令行提示"选择断面线"，用鼠标点取绘制的断面线，系统弹出"断面线上取值"对话框，如图6-47所示。如果"选择已知坐标获取方式"栏中选择"由数据文件生成"，则在"坐标数据文件名"栏中选择高程点数据文件。如果选择"由图面高程点生成"，则在图上选取高程点，前提是图面存在高程点，否则此方法无法生成断面图。

(2)命令行提示：

输入采样点间距：输入采样点的间距，系统的默认值为20米。采样点的间距是复合线上两顶点之间的距离，若大于此间距，则每隔此间距内插一个点。

输入起始里程<0.0>：系统默认起始里程为0。

点击"确定"之后，系统弹出"绘制纵断面图"对话框，如图6-48所示。

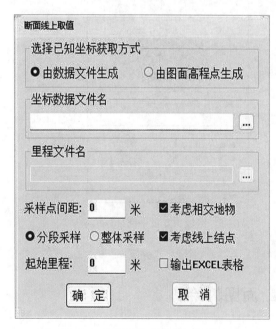
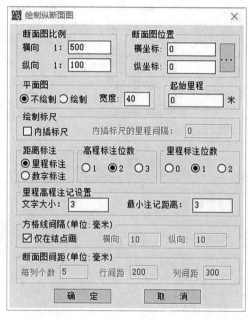

图6-47 "断面线上取值"对话框　　　图6-48 "绘制纵断面图"对话框

(3)输入相关参数。命令行提示：

横向比例为1：<500>：输入横向比例，系统的默认值为1：500。

纵向比例为1：<100>：输入纵向比例，系统的默认值为1：100。

断面图位置：可以手工输入，亦可在图面上拾取。可以选择是否绘制平面图、标尺、标注，还有一些关于注记的设置。点击"确定"之后，屏幕上出现所选断面线的断面图，如图6-49所示。

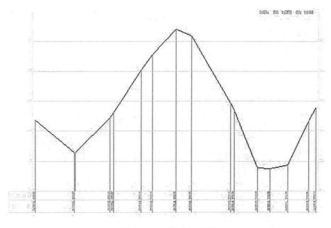

图 6-49 纵断面图

6.3.2 根据里程文件

根据里程文件绘制断面图，已在本项目任务 6.2 的断面法土方计算中做了详细介绍，此处不再重复。

6.3.3 根据等高线

如果图面存在等高线，则可以根据断面线与等高线的交点来绘制纵断面图。

选择"工程应用"→"绘断面图"→"根据等高线"命令，命令行提示"请选取断面线"，选择要绘制断面图的断面线，系统会弹出图 6-48 所示的对话框，后续操作与"根据已知坐标"的相同。

6.3.4 根据三角网

如果图面存在三角网，则可以根据断面线与三角网的交点来绘制纵断面图。

选择"工程应用"→"绘断面图"→"根据三角网"命令，命令行提示："请选取断面线"，选择要绘制断面图的断面线，系统同样弹出图 6-48 所示的对话框，后续操作与"根据已知坐标"的相同。

任务 6.4 公路曲线设计

6.4.1 单个交点处理

(1) 用鼠标点击"工程应用"→"公路曲线设计"→"单个交点处理"。

（2）系统弹出"公路曲线计算"对话框，如图6-50所示，输入起点坐标、交点坐标和各曲线要素后，点击"开始"。

图6-50 "公路曲线计算"对话框

（3）命令行提示："选取平曲线要素表左上角"，鼠标左键点击屏幕后，屏幕上会显示公路曲线要素表和平曲线要素表，如图6-51所示。

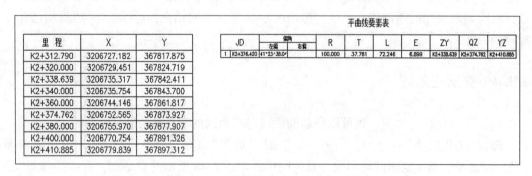

图6-51 公路曲线要素表和平曲线要素表

6.4.2 要素文件录入

鼠标点击"工程应用"→"公路曲线设计"→"要素文件录入"，命令行提示：
（1）偏角定位(2)坐标定位：<1>

1. 偏角定位法

选"偏角定位",则弹出图 6-52 所示的"公路曲线要素录入"对话框,在此进行要素输入。

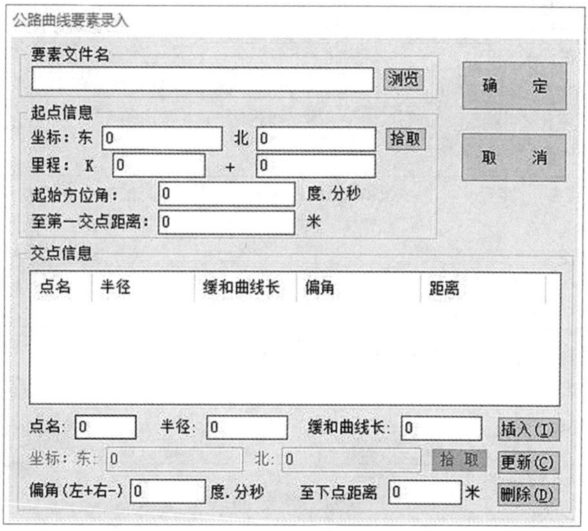

图 6-52 偏角定位法曲线要素录入

起点需要输入的数据:起点坐标、起点里程、起始方位角、至第一交点距离。

各交点需输入的数据:点名、半径(若半径是 0,则为小偏角,即只是折线,不设曲线)、缓和曲线长(若缓和曲线长为 0,则为圆曲线)、偏角、到下一个交点的距离(如果是最后一个交点,则输入到终点的距离)。

分析:通过起点的坐标、到下一个交点的方位角和到第一交点的距离可以推算出第一个交点的坐标。

再根据到下一个交点的方位角和第一个交点的偏角可以推算出第一个交点到第二个交点的方位角,根据第一个交点到第二个交点的方位角、到第二个交点的距离和第一个交点的坐标可以推出第二个交点的坐标。

依次类推,直到终点。

2. 坐标定位法

选"坐标定位",则弹出图 6-53 所示的"公路曲线要素录入"对话框,在此进行要素输入。

起点需要输入的数据:起点坐标、起点里程。

各交点需输入的数据:点名、半径(若半径是 0,则为小偏角,即只是折线,不设曲线)、缓和曲线长(若缓和曲线长为 0,则为圆曲线)、交点坐标(若是最后一点,则为终点坐标)。

分析:由起点坐标、第一交点坐标、第二交点坐标可以反算出起点至第一交点、第一交点至第二交点的方位角,由这两个方位角可以计算出第一曲线的偏角,由偏角半径和交点坐标则可以计算其他曲线要素。

图 6-53 坐标定位法曲线要素录入

依次类推，直至终点。

6.4.3 要素文件处理

鼠标点击"工程应用"→"公路曲线设计"→"曲线要素处理"命令，弹出图 6-54 所示的对话框。

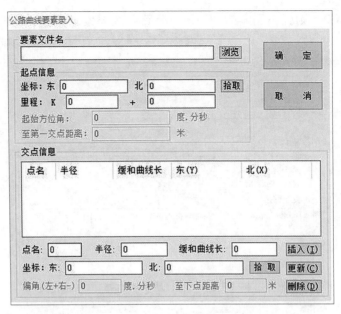

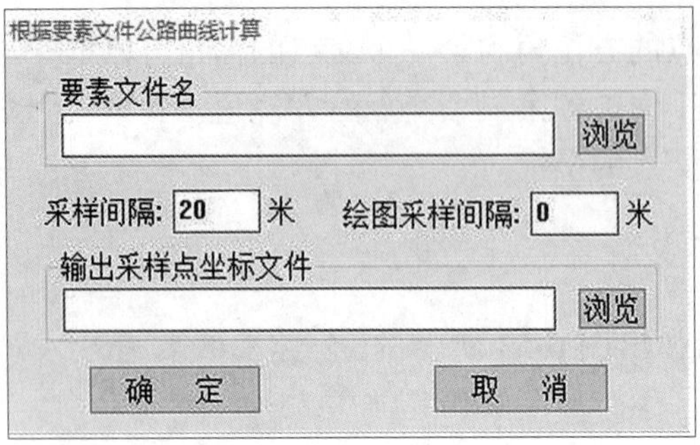

图 6-54 "根据要素文件公路曲线计算"对话框

在"要素文件名"栏中输入事先录入的要素文件路径，再输入采样间隔、绘图采样间隔。"输出采样点坐标文件"可输入，也可不输入。点击"确定"后，在屏幕指定平曲线要素表位置后绘出要素表及曲线，如图 6-55 所示。

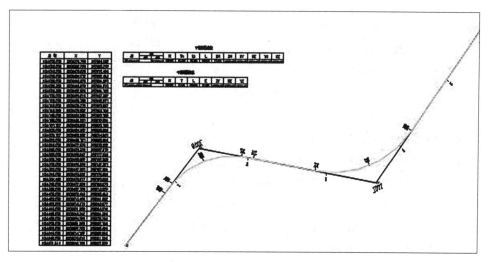

图 6-55　公路曲线设计要素表及曲线

任务 6.5　面积应用

6.5.1　长度调整

通过选择复合线或直线，程序自动计算所选线的长度，并调整到指定的长度。

选择"工程应用"→"线条长度调整"命令，命令区提示：

请选择想要调整的线条：点选线条。

起始线段长 ×××.×××米，终止线段长 ×××.×××米；

请输入要调整到的长度(米)：输入目标长度。

需调整(1)起点(2)终点<2>：默认为终点；回车或右键"确定"，完成长度调整。

6.5.2　面积调整

通过调整封闭复合线的一点或一边，把该复合线面积调整成所要求的目标面积。复合线要求是未经拟合的。

如果选择"调整一点"，复合线被调整顶点将随鼠标的移动而移动，整个复合线的形状也会跟着发生变化，同时可以看到屏幕左下角实时显示变化着的复合线面积，待该面积达到所要求数值，点击鼠标左键确定被调整点的位置。如果面积数变化太快，可将图形局部放大再使用本功能。

如果选择"调整一边"，复合线被调整边将会平行向内或向外移动以达到所要求的面积值。如果选择在一边调整一点，该边会根据目标面积而缩短或延长，另一顶点固定不动。

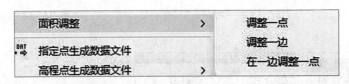

图 6-56 "面积调整"菜单

原来连到此点的其他边会自动重新连接。

1. 计算指定范围的面积

选择"工程应用"→"计算指定范围的面积"命令,命令区提示:

1. 选目标 2. 选图层 3. 选指定图层的目标<1>

输入 1:要求用鼠标指定需计算面积的地物,可用窗选、点选等方式,计算结果注记在地物重心上,且用青色阴影线标示。

输入 2:系统提示输入图层名,结果把该图层的封闭复合线地物面积全部计算出来并注记在重心上,且用青色阴影线标示。

输入 3:先选图层,再选择目标,特别采用窗选时系统自动过滤,只计算注记指定图层被选中的以复合线封闭的地物。

命令区提示:

是否对统计区域加青色阴影线?<Y>:默认为"是"。

命令区提示:

总面积 = ×××××.×× 平方米

2. 统计指定区域的面积

该功能用来将上面注记在图上的面积累加起来。

用鼠标点击"工程应用"→"统计指定区域的面积"命令,命令区提示:

面积统计-可用:窗口(W.C)/多边形窗口(WP.CP)/... 等多种方式选择已计算过面积的区域

选择面积文字注记:用鼠标拉一个窗口即可。

命令区提示:

总面积 = ×××××.××平方米

3. 计算指定点所围成的面积

用鼠标点击"工程应用"→"指定点所围成的面积"命令,命令区提示:

输入点:用鼠标指定想要计算的区域的第一点,底行将一直提示输入下一点,直到按鼠标的右键或回车键确认指定区域封闭(结束点和起始点并不是同一个点,系统将自动地封闭结束点和起始点)。

命令区提示:

总面积 = ×××××.×× 平方米

任务 6.6　图数转换

6.6.1　数据文件

1. 指定点生成数据文件

用鼠标点击"工程应用"→"指定点生成数据文件"命令，系统弹出"输入坐标数据文件名"对话框，来保存数据文件，如图6-57所示。

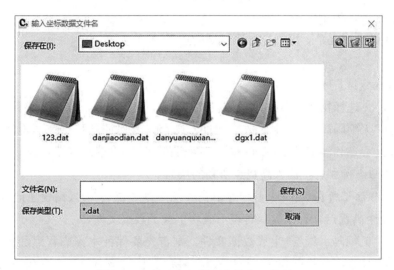

图6-57　"输入坐标数据文件名"对话框

命令区提示：

指定点：用鼠标点选需要生成数据的指定点。

地物代码：输入地物代码，如房屋为F0等。

高程：<131.12>。

测量坐标系：X= 3206747.207m　Y= 367878.272m　Z= 131.120m。

Code：F0，此提示为系统自动给出。

请输入点号：<1>：默认的点号是由系统自动追加，也可以自己输入。

是否删除点位注记？(Y/N)<N>：默认不删除点位注记。

至此，一个点的数据文件已生成。

2. 高程点生成数据文件

"高程点生成数据文件"菜单如图6-58所示。

用鼠标点击"工程应用"→"高程点生成数据文件"→"有编码高程点"或"无编码高程点"或"无编码水深点"或"海图水深注记"。

系统弹出"输入数据文件名"对话框，来保存数据文件。

图 6-58 "高程点生成数据文件"菜单

命令区提示：

请选择：(1)选取区域边界(2)直接选取高程点或控制点<1>：

选择获得高程点的方法，系统的默认设置为选取区域边界。

输入 1，命令区提示：

请选取建模区域边界：用鼠标点取区域的边界。

OK！

输入 2，命令区提示：

选择对象：(选择物体)用鼠标点取要选取的点。

如果选择"无编码高程点"生成数据文件，则首先要保证高程点和高程注记必须各自在同一层中(高程点和注记可以在同一层)，执行该命令后命令行提示：

请输入高程点所在层：输入高程点所在的层名。

请输入高程注记所在层：<直接回车取高程点实体 Z 值>：输入高程注记所在的层名。

共读入 X 个高程点：有该提示时表示成功生成了数据文件。

如果选择"无编码水深点"生成数据文件，则首先要保证水深高程点和高程注记必须各自在同一层中(水深高程点和注记可以在同一层)，执行该命令后命令行提示：

请输入水深点所在图层：输入高程点所在的层名。

共读入 X 个水深点：有该提示时表示成功生成了数据文件。

3. 控制点生成数据文件

用鼠标点击"工程应用"→"控制点生成数据文件"，系统弹出"输入数据文件名"对话框，来保存数据文件。

命令区提示：

共读入 ×××个控制点。

4. 等高线生成数据文件

用鼠标点击"工程应用"→"等高线生成数据文件"，系统弹出"输入数据文件名"对话框，来保存数据文件。

命令区提示：

(1)处理全部等高线结点 (2)处理滤波后等高线结点<1>

等高线滤波后结点数会少很多，这样可以缩小生成数据文件的大小。

执行完后，系统自动分析图上绘出的等高线，将所在结点的坐标记入第一步给定的文件中。

6.6.2 交换文件

CASS 为用户提供了多种文件形式的数字地图，除 AutoCAD 的.dwg文件外，还提供了 CASS 本身定义的数据交换文件(后缀为.cas)。这为用户的各种应用带来了极大的方便。.dwg文件方便用户做各种规划设计和图库管理，.cas文件方便用户将数字地图导入 GIS。由于.cas文件是全信息的，因此在经过一定的处理后便可以将数字地图的所有信息毫无遗漏地导入 GIS。

CASS 的数据交换文件也为用户的其他数字化测绘成果进入 CASS 系统提供了方便之门。CASS 的数据交换文件与图形的转换是双向的，它的操作菜单中提供了这种双向转换的功能，即生成交换文件和读入交换文件。这就是说，不论用户的数字化测绘成果是以何种方法、何种软件、何种工具得到的，只要能转换(生成)为 CASS 系统的数据交换文件，就可以将它导入 CASS 系统，就可以为数字化测图工作利用。另外，CASS 系统本身的简码识别功能就是把从电子手簿传过来的简码坐标数据文件转换成 CAS 交换文件，然后用绘平面图功能读出该文件而实现自动成图的。

1. 生成交换文件

用鼠标点击"数据"→"生成交换文件"，系统弹出"输入数据文件名"对话框，来选择数据文件。命令区提示：

绘图比例尺 1：输入比例尺，回车。

可用"编辑"下的"编辑文本文件"命令查看生成的交换文件。

2. 读入交换文件

用鼠标点击"数据"→"读入交换文件"，系统弹出"输入 CASS 交换文件名"对话框，来选择数据文件。如果当前图形还没有设定比例尺，系统会提示用户输入比例尺。

系统根据交换文件的坐标设定图形显示范围，这样，交换文件中的所有内容都可以包含在屏幕显示区中。

系统逐行读出交换文件的各图层、各实体的各项空间或非空间信息并将其画出来，同时，各实体的属性代码也被加入。

注意：读入交换文件将在当前图形中插入交换文件中的实体，因此，如不想破坏当前图形，应在此之前打开一幅新图。

思考题

1. CASS 软件可在地形图上查询哪些常见的几何要素？
2. CASS 软件计算土方量有哪几种方法？
3. 叙述方格网法计算土方量的过程。
4. CASS 软件中哪几种方法可以生成横断面里程文件？
5. 叙述根据已知坐标绘制纵断面图的步骤。
6. 试用 CASS 软件进行多交点公路曲线设计，并叙述其过程。
7. CASS 软件是如何用高程点生成数据文件的？

项目7 个性化自定义

本项目将深入探讨南方 CASS 软件中自定义符号的功能及实现方法。通过学习本项目，将熟练掌握南方 CASS 系列软件中自定义符号的基本流程和操作技巧，了解如何根据实际需求进行符号的自定义，并培养解决实际问题的能力。

【学习目标】

素质目标：培养学生对测绘行业的兴趣和热爱，树立职业道德观念，强化对测绘行业规范和标准的认识，树立良好的行业形象。结合课程思政，强调职业道德和行业规范的重要性，帮助学生更好地理解测绘行业的工作要求和道德准则。

知识目标：了解南方 CASS 系列数字化地形地籍成图软件中符号库的构成和分类，掌握自定义符号的基本原理和方法，理解符号编码规则及定义文件的结构和含义。

技能目标：能够根据实际需求进行符号的自定义，包括符号编码、参数设置、图元编辑等操作。

【学习重点】

(1) 南方 CASS 系列数字化地形地籍成图软件中符号库的构成和分类；
(2) 自定义符号的基本原理和方法、符号编码规则及定义文件的结构和含义；
(3) 图元索引文件的格式和内容、图元的含义和作用。

【学习难点】

(1) 理解符号编码规则及定义文件的结构和含义，如何根据实际需求进行符号的自定义；
(2) 熟悉图元索引文件的格式和内容，理解图元的含义和作用，如何利用图元进行复杂的符号编辑。

任务7.1 自定义符号

CASS 的图式符号库是以《国家基本比例尺地图图式》为依据的图形数据库。对于不同的比例尺，图式中有不同的规定，这种不同可以体现在符号的类型图案以及依何种比例尺等方面。在一个完善的图式符号库中，应包括不同比例尺的符号。除了国家标准外，在铁路、电力等行业，还制定了各自的部门标准，它们主要根据专业特点做了若干补充，同时也会带来符号分类体系的变化。所有这些都要求 CASS 中的图式符号库能适应不同应用条件的变化，应具有自定义的功能。

同一类符号可以用相同的模式来描述，也就是说，它们在实现和应用时的输入、输出是类似的，实现方法是相同的，仅仅是参数不同而已。这样就可以将整个图式符号库分成若干子库，每一个子库代表一类符号，按照该类符号的共同特点组织符号的描述数据，并对应统一的应用方法。因此，建立图式符号库时，分类的依据主要在于它的实现和操作方法。各种地形符号可分为点状、线状和面状三大类。

（1）点状符号。点状符号只有一个定位点，对应一个固定的、不依比例尺而变化的图形符号，所以又称为独立符号。根据朝向的不同，点状符号又可分为垂直于南图廓和按真实方向描绘两类。

（2）线状符号。线状符号的特点是符号依据定位线绘制。根据线划构成的复杂程度，线状符号又分为：①比较简单的(简单线型)，如简易公路、等级公路的边等；②比较复杂的(复杂线型)，如行树、高压电力线等。

（3）面状符号。面状符号又称为面填充符号，面状符号的填充范围要求构成封闭的"面域"。根据面域内填充内容的不同，面填充方式又可分成线填充方式(如特种房屋)及点填充方式(如稻田、草地、树林等)。

7.1.1 符号编码规则及编码定义文件

1. 符号编码规则

骨架线编码定义形式：

1+中华人民共和国国家标准地形图图式序号+顺序号+0 或 1

其中："1"：编码第一位，必须加。

中华人民共和国国家标准地形图图式序号：中华人民共和国国家标准地形图图式1995年版中符号的序号(去除点)。如三角点序号为 3.1.1，编码用 311。

顺序号：相同类型符号顺序号，从零开始。

"0"或"1"：编码占位，必须加。

例如：

三角点编码：1+311+0+0，即 131100。

一般房屋编码：1+411+0+1，即 141101。

砼房屋编码：1+411+1+1，即 141111。

用户也可随意编码，但骨架线必须是 6 位，并和原 CASS 编码不能重复。CASS 系统不提供辅助符号的定制功能。

2. 符号定义文件 cassconfig.db 中的 Workdef 表

符号定义文件 cassconfig.db 中的 Workdef 表存储 CASS 中的所有符号信息，具体结构如图 7-1 所示。

Index	Name	Declared Type	Type	Size	Precision	Not Null	Not Null On Conflict	Default Value
1	code	CHAR	CHAR	0	0			
2	layer	CHAR	CHAR	0	0			
3	enttype	INT	INT	0	0			
4	par1	CHAR	CHAR	0	0			
5	par2	CHAR	CHAR	0	0			
6	text	CHAR	CHAR	0	0			

图 7-1 Workdef 表结构

Workdef 表中的数据内容如图 7-2 所示。

RecNo	code	layer	enttype	par1	par2	text
			Click here to define a filter			
1	131100	KZD	20	gc113	3	三角点
2	131200	KZD	20	gc014	3	土堆上的三角点
3	131300	KZD	20	gc114	2	小三角点
4	131400	KZD	20	gc015	2	土堆上的小三角点
5	131500	KZD	20	gc257	2	导线点
6	131600	KZD	20	gc258	2	土堆上的导线点
7	131700	KZD	20	gc259	2	埋石图根点
8	131900	KZD	20	gc260	2	土堆上的埋石图根点
9	131800	KZD	20	gc261	2	不埋石图根点
10	132100	KZD	20	gc118	3	水准点
11	133000	KZD	20	gc168	3	卫星定位等级点
12	134100	KZD	20	gc112	2	独立天文点
13	181101	SXSS	6	continuous	0	岸线
14	181102	SXSS	6	x0	0	高水位岸线
15	181106	SXSS	6	continuous	0.1-0.5	单线渐变河流
16	181410	SXSS	6	continuous	0	地下河段.渠段入口
17	181420	SXSS	6	1161	0	已明流路地下河段.渠段
18	181300	SXSS	6	1161	0	消失河段

图 7-2　Workdef 表数据内容

Workdef 表中字段名的含义如表 7-1 所示。

表 7-1　Workdef 表中字段名的含义

字段名称	说　明
code	南方 6 位编码
layer	所在图层
enttype	符号类别
part1	第一参数
part2	第二参数
text	符号说明

3. 图元索引文件 cassconfig. db 中的 Indexini 表

图元索引文件 cassconfig. db 中的 Indexini 表记录每个图元的信息，不管这个图元是不是主符号(骨架线)。所谓图元，是图形的最小单位，一个复杂符号可以含有多个图元。

表结构如图 7-3 所示。

Index	Name	Declared Type	Type	Size	Precision	Not Null	Not Null On Conflict	Default Value
1	code	CHAR	CHAR	0	0	☐		
2	ltype	CHAR	CHAR	0	0	☐		
3	width	FLOAT	FLOAT	0	0	☐		
4	name	CHAR	CHAR	0	0	☐		
5	usecode	CHAR	CHAR	0	0	☐		
6	table	CHAR	CHAR	0	0	☐		

图 7-3　Indexini 表结构

Indexini 表文件格式如图 7-4 所示。

RecNo	code	ltype	width	name	usecode	table
1	131100	gc113	0	三角点	1101021	CTLPT
2	131100-3	continuous	0	三角点分数线	1101024	CTLAO
3	131100-1	text	0	三角点高程注记	1101024	CTLAN
4	131100-2	text	0	三角点点名注记	1101024	CTLAN
5	131200	gc014	0	土堆上的三角点	1101021	CTLPT
6	131200-3	continuous	0	土堆上三角点分数线	1101024	CTLAO
7	131200-1	text	0	土堆上三角点高程注记	1101024	CTLAN
8	131200-2	text	0	土堆上三角点点名注记	1101024	CTLAN
9	131300	gc114	0	小三角点	1101021	CTLPT
10	131300-3	continuous	0	小三角点分数线	1101024	CTLAO
11	131300-1	text	0	小三角点高程注记	1101024	CTLAN
12	131300-2	text	0	小三角点点名注记	1101024	CTLAN
13	131400	gc015	0	土堆上的小三角点	1101021	CTLPT
14	131400-3	continuous	0	土堆上小三角点分数线	1101024	CTLAO
15	131400-1	text	0	土堆上小三角点高程注记	1101024	CTLAN
16	131400-2	text	0	土堆上小三角点点名注记	1101024	CTLAN
17	131500	gc257	0	导线点	1101031	CTLPT

图 7-4　Indexini 表文件格式

各个字段具体说明如表 7-2 所示。

表 7-2　Indexini 表中字段名的含义

字段名称	说　　明
code	CASS 编码
itype	主参数
width	厚度
name	图元说明
usecode	用户编码
table	GIS 表名

7.1.2　自定义点符号

自定义点符号的工作流程如下：

(1)绘制点符号，按照图式实际尺寸绘制。注意符号的定位点应设在图形的插入基点。

(2)图形存盘，目录为 CASS 的 BLOCKS 目录(如"C:\CASS 10.1\BLOCKS")，文件名为"gc+三位数字"。(注意不要与 CASS 已有文件重名，CASS 已有点符号图块都存放在 BLOCKS，如"C:\CASS 10.1\BLOCKS"中。)

(3)设置图标文件。

(4)编辑 cassconfig.db 中的 Indexini 表登记图元的信息、自定义用户码。

(5)赋予符号编码,在文件 cassconfig.db 中的 Workdef 表中登记。

(6)编辑 cassconfig.db 中的 CassRightWindow 表,添加绘制该符号项。

例如:定义电话亭符号。

第一步:按照图式实际尺寸绘制,绘制完毕将符号图形整体拖动,使其底边中心坐标为(0,0)。比例尺设置为1:1000,图示如图 7-5 所示。

图 7-5 电话亭图式

第二步:图形存盘,目录为 CASS 的 BLOCKS 目录(如 C:\CASS 10.1\BLOCKS),文件名为"gc+三位数字"。(注意不要与 CASS 已有文件重名,CASS 已有点符号图块都存放在 CASS 的 BLOCKS 目录,如"C:\CASS 10.1\BLOCKS"中。)定义电话亭符号文件名为"gc280"。

第三步:为该点符号设置一个图标文件,文件类型为 .png,尺寸大小为 66 像素×66 像素,位深度为 24,放在 CASS 安装目录的 images 文件夹内,建议以符号编码命名,如 159200.png,便于后期的查找调用。

第四步:编辑配置文件 cassconfig.db 中的 Indexini 文件,如图 7-6 所示。

| 1 | 159200 | gc280 | 0 | 电话亭 | 3405021 | RESPT |

图 7-6 电话亭的 Indexini 文件

第五步:编辑 cassconfig.db 中的 Workdef 表,该符号为不旋转的点状地物,类别为 1,第一参数是图块名,第二参数不用,编辑如图 7-7 所示。

RecNo	code	layer	enttype	par1	par2	text
	Click here to define a filter					
256	159160	DLDW	8	continuous	gc278	电信局
257	159170	DLDW	8	continuous	gc279	邮局
258	159200	DLDW	1	gc280	0	电话亭

图 7-7 电话亭的 Workdef 表

第六步：编辑 cassconfig.db 中的 CassRightWindow 表，如图 7-8 所示。将该符号放置在需要的位置。

```
"A6":{"name":"电视发射塔","code":"155810","icon":"155810.png"},
"A7":{"name":"建筑物上无线电杆.塔","code":"155701","icon":"155701.png"},
"A8":{"name":"依比例无线电杆.塔","code":"155703","icon":"155703.png"},
"A9":{"name":"无线电杆.塔","code":"155702","icon":"155702.png"},
"B":{"name":"电话亭","code":"159200","icon":"159200.png"},
"B1":{"name":"厕所","code":"158800","icon":"158800.png"},
"B2":{"name":"垃圾场","code":"155520","icon":"155520.png"},
"B3":{"name":"不依比例垃圾台","code":"155500","icon":"155500.png"},
```

图 7-8 CassRightWindow 表

最终图块菜单如图 7-9 所示。

图 7-9 独立地物图块菜单

7.1.3 自定义线符号

1. 工作流程

自定义线符号的工作流程与自定义点符号的基本相同，具体如下：
(1)定义线型。CASS 系统的线符号具有线型。CASS 提供的标准线型库包括通用线型和 ISO 线型，保存在 CASS 系统目录下的外部文件 acad.lin 中。线型库文件是一个文本文件，可以通过 LINETYPE 命令随时定义或在文本编辑器中直接编辑线型。

普通线型仅局限于点、线、空格，AutoCAD 提供了复合线型的定义，可在定制的线型中嵌入单个文本字符串或 SHX 文本中的形。形是一种能用直线、圆弧和圆来定义的特殊实体，它可很方便地被绘入图形中，并按需要、按比例系数及旋转角度，以获得不同的位置和大小。如果符号复杂，由许多圆弧（规则或不规则）、文字等组成，利用形，用户可方便灵活地定义各种复杂的符号。

（2）赋予符号编码，在配置文件 cassconfig.db 中的 Workdef 表中登记。

（3）作供图像块菜单使用的图标（扩展名为 .png 的文件）。

（4）编辑 cassconfig.db 中的 Indexini 表登记图元的信息、自定义用户码。

（5）赋予符号编码，在文件 cassconfig.db 中的 Workdef 表中登记。

（6）编辑 cassconfig.db 中的 CassRightWindow 表，添加绘制该符号项。

2. 线型文件

线型文件可以包含多个线型定义，空行和分号后面（注释）的内容在编译时均被忽略。每一定义具有如下形式的标题行：

*线型名[，形状描述]

后跟如下形式的格式行：

alignment，dash-1，dash-2，…

例如，定义一线型，结构为：

短划线，0.5 个绘图单位长；

空格，0.25 个绘图单位长；

点

空格，0.25 个绘图单位长。

则该线型可以定义成如下形式：

*DD1，_ . _ . _ . _

A，0.5，-0.25，0，-0.25

其中：DDI 是线型名，形状描述字段是由 LAYER Ltype 命令序列所显示的线型描述。在这里描述只是短划线"_"和圆点"."形的组合。

形状描述是可选择项，可以是点、空格和短划线的序列，也可以是说明，如"Use this linetype for hidden lines"（此线型用于表示隐藏线），用户对线型的描述不能超过 47 个字符。形状描述也可以省略，此时线型名后不能有逗号。

alignment 字段为直线、圆和圆弧指定对齐方式。使用 A 型对齐，保证直线的端点和弧的起点及终点处为短划线。这种对齐方式，首短划线的值应大于等于 0（即点或下笔段），第二个短划线的值应小于 0（提笔段），并从第一个短划线说明开始，至少要有 2 个短划线结构说明。

dash-n 字段指定组成线型的段的长度。若长度为正，则表示为下笔段，即为要画出的线段；若长度为负，则表示为提笔段；长度为零，则画出一个点。在 LIN 文件中，每个线型定义应限制在 280 个字符以内。

3. 定义线型

下面介绍通过编辑线型文件 acadiso.lin 或 acad.lin 的方法建立线型的过程。

例如：SOUTH1 由一个单位长度的下划线和三个点组成，且点之间相隔四分之一个单位。通过文本编辑器编辑线型文件的过程如下：

打开线型文件，在文件的最后加入下面两行：

＊SOUTH1，— . . . — . . .

A，1.0，-0.25，0，-0.25，0，-0.25，0，-0.25

保存此文件，退出文本编辑器。用同样的方法修改 acad.lin（必须保持两文件相同）。

4. 加载线型

上面的例子完成了给 acad.lin 文件加入新的线型定义，但并没有将它加到图形的 Ltype 线型符号表，即没有应用于对象。要加载一线型定义到当前绘图中，在"Command："提示下键入 LineTYPE 命令，弹出图 7-10 所示的"线型管理器"对话框。

Delete：删除选中线型。

Current：将选中线型置为当前系统默认线型。

Show details：显示线型详细设置。

Load...：弹出"加载或重载线型"对话框，如图 7-11 所示。选择线型文件及其拥有的线型即可加载。如"acadiso.lin"文件的 SOUTH1。

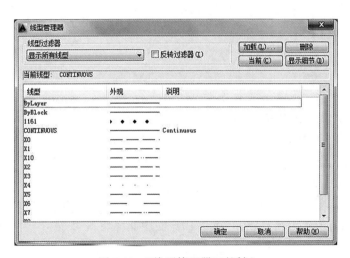

图 7-10　"线型管理器"对话框

5. 复合点划线型及其使用

复合点划线型的功能是线型的定义不再局限于线划、点、空格。用户可在定制的线型中嵌入单个文本字符串或由 SHX 文本定义的形。

复合线型定义语法的开头与前述简单线型的相同，在定义行的方括号内增加了特殊参数以告诉 CASS 如何插入文本或形。

例如：下面的线型定义，将显示出两种线型的形式：

＊GPS_LINE，_—_GPS_—_GPS_—_GPS

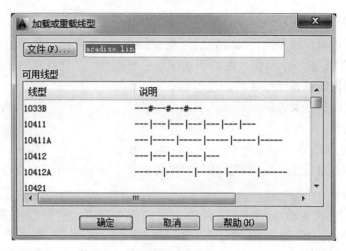

图 7-11 "加载或重载线型"对话框

A,0.5,-0.2,["GPS",STANDARD,S=0.1,R=0.0,X=-0.1,Y=0.05],-0.25

＊FENCE_LINE,_—0—_—_

A,0.25,[CIRC1,LTYPESHP.SHX,S=0.1],-0.2,1

绘制出线型如下所示：

—GPS—GPS—GPS—

GPS_LINE

——0——0——0——

FENCE_LINE

复合线型嵌入文本字符串的语法为：

["string",style,R=n,A=n,S=n,X=n,Y=n]

嵌入形的语法是：

[shape,shape_file,R=n,A=n,S=n,X=n,Y=n]

"string"是双引号中的由一个或多个字符组成的文本串，shape_file 是文件中的形名。shape_file 中必须有形，否则 CASS 不允许用户使用此线型。

style 是文本式样的名字，shape_file 为 CASS 的形文件。如果当前图形中没有 style，CASS 则不允许使用此线型。如果 shape_file 没有位于库搜索路径中，CASS 会提示并要求用户选择另外一个 SHX 文件。在 shape_file 中可以包括路径。

其余五个字段 R=、A=、S=、X=、Y= 可为选择的转换分类。每种转换分类后面的 n 表示任意数字。

R=n 表示文本或形相对于当前线段方向的转角。默认时为 0，表示 CASS 文本或形的方向与线段方向一致。

A=n 表示文本或形相对于世界坐标系的 X 轴的绝对转角。当希望文本或形总是以水平形式出现，与线段的方向无关时，可采用 A=0。用户可以指定 R= 和 A=，但两者不能同时指定值。如果两个都没有指定值，CASS 采用 R=0。R= 和 A= 转角以"度"为单位，如果希望以弧度或梯度作为单位，数字后面必须加 R 或 G。

S=n 确定文本或形的比例系数。如果使用固定高度的文本式样，CASS 将此高度乘以 n。如果使用的是可变高度(即 0 度)的式样，CASS 则会把 n 看作绝对高度。对于形而言，S=缩放系数会使形从其缺省缩放系数 1.0 按此值往大或往小变化。在任何情况下，CASS 通过 S=缩放系数与 LTSCALE(例如 0.5)和 CELTSCALE 的乘积来确定高度或缩放系数。因此，应该将 S=确定成正常 LTSCALE(例如 0.5)下以 1∶1 为输出比例时所对应的值，这样文本或输出的图纸上以相对应的尺寸出现。

X=n 和 Y=n 为可选项，它们确定相对于线型分类中的当前点的偏移量。默认时 CASS 将文本串的左下角点或形的插入点放在此当前点。两个偏移量分别沿着当前线段方向(对于 X=)，和沿着与当前线段垂直方向(对于 Y=)度量，就像有一个局部坐标系，它的 X 轴从当前线段的第一个端点指向第二个端点。因此，正的 X=偏移量会使文本或形朝着当前线段的第二个端点的方向移动，正的 Y=偏移量会使文本或形朝着 X=方向的 90 度方向逆时针移动。这两个偏移量使文本或形的定位更精确。

例如定义栅栏符号，如图 7-12 所示。

图 7-12　栅栏符号

第一步：定义线型，线型文件内容如下：
*444,--|---@ ---|---@ ---|---@ ---|---@ ---|---@ ---|---@ -----
A, 4.5, [2, Aaa.SHX, Y=1], 4.5, -0.5, [3, Aaa.SHX], -0.5
aaa.shp 形文件(编译后为 aaa.shx)相关内容为：
……
*145, 4, 2
003, 00A, 0aC, 0
*146, 9, 3 003, 00A, 002, 050, 001, 00A, (005, 000), 0
……
其他各步操作同点符号制作。

实操训练： 按照《国家基本比例尺地图图式 第 1 部分》要求，指定 3 个点状符号、3 个线状符号、2 个面状符号，安排学生完成图式符号的自定义任务。

任务 7.2　自定义宗地图框

7.2.1　图框和图角章的用户化

图框和图角章用户化的目的是将图框中的有关文字内容改到与用户实际工作情况相符，避免加入原有图框后对每幅图进行改动。实质就是用 AutoCAD 的文字编辑命令修改图框与图角章的文字内容。

CASS 10.1 的图框和角图章均是以 DWG 图形的方式存储在 CASS 10.1 目录下的 BLOCKS 子目录(路径为\CASS 10.1\BLOCKS)中。表 7-3 列出了图框和图角章的图形文件名及对应的图框名。

表 7-3 图框与图角章的图形文件名

图形文件名	说 明
ACTKF2.DWG	任意图幅的测量信息
ACTK0.DWG	带图角章的 0 号工程图框
ACTK0-1.DWG	不带图角章的 0 号工程图框
ACTK1.DWG	带图角章的 1 号工程图框
ACTK1-1.DWG	不带图角章的 1 号工程图框
ACTK2.DWG	带图角章的 2 号工程图框
ACTK2-1.DWG	不带图角章的 2 号工程图框
ACTK3.DWG	带图角章的 3 号工程图框
ACTK3-1.DWG	不带图角章的 3 号工程图框
ACZBZ.DWG	指北针符号
DGXTF.DWG	等高线法土石方计算表
DILEI.DWG	土地分类面积统计表
DTMTF.DWG	三角网法土石方计算表
FGWTF.DWG	方格网土石方计算表
T10000_1.DWG	1∶10000 图幅的接图表
T10000_2.DWG	1∶10000 图幅的测量信息
TF_TABLE.DWG	土石方数量计算表

7.2.2 自定义宗地图框

具体操作流程如下:

第一步:新建一幅图,按自己的要求绘制一个合适的宗地图框,并在 C:\CASS 10.1\BLOCKS 目录下保存为合适的图名。

第二步:在"地籍成图"→"地籍参数设置"里更改自定义宗地图框里的内容。将图框文件名改为所定义的文件名,设置文字大小和图幅尺寸,输入宗地号、权利人、图幅号各种注记相对于图框左下角的坐标。

第三步:将地籍权属的参数设置好后,就可以使用"地籍"→"绘制宗地图框"命令,此菜单下又分为"单个绘制宗地图"和"批量输出宗地图"两种。依此操作即可加入自定义的宗地图框。

实操训练:参照最新规范要求,设置宗地图框,创建自定义宗地图库。

任务 7.3　自定义报表

SmartTableTool 工具可以供用户修改和编辑 CASS 10.1 的模板文件，使用该工具，可以对报表实现自定义操作。

7.3.1　文档框架的调整

例如：对文档重新分节；调整纸张大小、横竖页面；添加首页、目录或者附录；添加页眉页脚；表 A 与表 B 调换位置……

操作：修改模板并保存即可。

7.3.2　动态内容的更改

1. 格式更改

图 7-13(a)所示的"张三"是根据真实数据或者录入得到的，可以修改这种动态的内容格式，修改后如图 7-13(b)所示。

操作：修改模板并保存。

土地权利人	张三

(a)修改前，宋体带下画线

土地权利人	张三

(b)修改后，雅黑不带下画线

图 7-13

2. 内容的增减、修改

将图 7-14 所示的界标类型的勾选改成实心圆。

操作：修改 lua 脚本或者配置文件。

界址点号	界标种类							界址间距 m	界址线类别							界址线位置			说明
	钢钉	水泥桩	石灰桩	喷涂	瓷标识	无标志	其他		围墙	墙壁	栅栏	铁丝网	滴水线	路涯线	两点连线	内	中	外	
1				✓															

图 7-14　修改前，默认勾选显示

修改后，改为实心圆显示，如图7-15所示。

界址点号	界址标示表													
	界标种类						界址间距m	界址线类别					界址线位置			说明
	钢钉	水泥桩	石灰桩	喷涂	瓷标识	无标志	其他		围墙	墙壁	栅栏	铁丝网	滴水线	路涯线	两点连线	其他	内	中	外	
1				●																

图7-15 修改后，改用实心圆显示

增加内容：为图7-16所示增加电话号码内容，该内容从宗地扩展属性中读取。
操作：修改模板并保存。

基本表		
土地权利人	{1@SOUTH|2}	单位性质	{1@DWXZ}
		证件类型	{3@ZJLX}
		证件编号	{3@ZJBH}
		通讯地址	{1@TXDZ}

图7-16 内容修改前

修改后，增加"电话"，如图7-17所示。

基本表		
土地权利人	{1@SOUTH|2}	单位性质	{1@DWXZ}
		证件类型	{3@ZJLX}
		证件编号	{3@ZJBH}
		通讯地址	{1@TXDZ}
		电话	{1@DHHM}

图7-17 修改后，增加"电话"

3. 数值型数据保留小数位数

如图7-18所示，将宗地面积由3位小数改成2位小数改后效果如图7-19所示。
操作：修改lua脚本或者配置文件。

宗地面积/m²	235.124

宗地面积/m²	235.12

图7-18 修改前，宗地面积默认3位小数显示　　图7-19 修改后，宗地面积改用2位小数显示

7.3.3 动态数据的表格调整

1. 表单错行更改

图 7-20 所示的由界址点行妥协改为界址线行妥协，最后效果如图 7-21 所示。
操作：修改 lua 脚本。

界址标示表																	
界址点号	界标种类						界址间距 m	界址线类别							界址线位置			说明
	钢钉	水泥桩	石灰桩	喷涂	瓷标识	无标志	其他		围墙	墙壁	栅栏	铁丝网	滴水线	路涯线	两点连线	其他	内	中	外	
J1			√																	
								13.044		√								√		
J2			√																	
								3.264		√								√		

图 7-20 修改前，界址点行妥协

界址标示表																	
界址点号	界标种类						界址间距 m	界址线类别							界址线位置			说明
	钢钉	水泥桩	石灰桩	喷涂	瓷标识	无标志	其他		围墙	墙壁	栅栏	铁丝网	滴水线	路涯线	两点连线	其他	内	中	外	
J1			√																	
J2			√																	
								13.044		√								√		
								3.264		√								√		

图 7-21 修改后，界址线行妥协

2. 表格拆分

如图 7-22 所示，在点号 38 处拆分成 2 个表，最后如图 7-23 所示。
操作：修改 lua 脚本。

29	J29	380125.799	2845168.983	20.009
30	J30	380132.652	2845149.472	20.680
31	J31	380145.329	2845133.901	20.079
32	J32	380159.902	2845119.615	20.408
33	J33	380170.705	2845101.193	21.356
34	J34	380181.978	2845086.216	18.745
35	J35	380192.410	2845069.005	20.125
36	J36	380199.111	2845049.334	20.781
37	J37	380209.938	2845032.342	20.148
38	J38	380221.544	2845015.737	20.259
39	J39	380232.102	2844996.885	21.607
40	J40	380240.548	2844979.897	18.972
41	J41			20.294

图 7-22 修改前，界址点号为一个表

图 7-23　修改后，从点号 38 处，拆分成 2 个表显示

7.3.4　格式变换

由 Word 文档更改成 Excel 表格。

操作：重新改写 lua 脚本和模板。目前只支持界址点成果表由 Word 改成 Excel，地籍调查表暂不支持。

图 7-24　修改前，Word 格式的界址点成果表

7.3.5　修改模板

以修改宗地图模板为例，介绍 SmartTableTool 工具的操作使用。

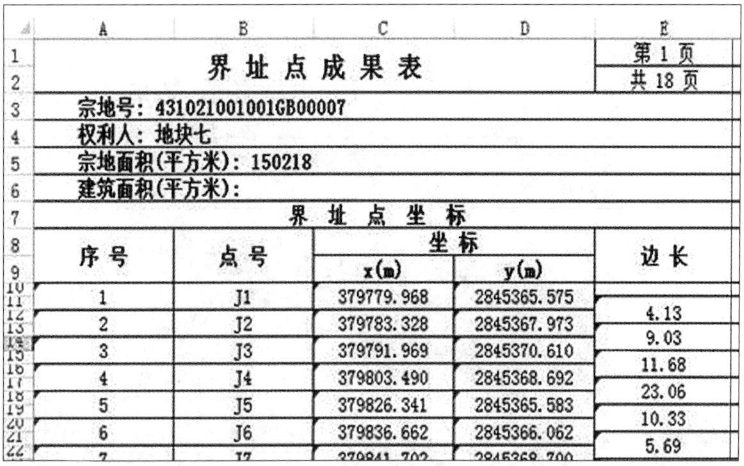

图 7-25　修改后，Excel 格式的界址点成果表

1. 打开 SmartTableTool 模板编辑工具

方法一：启动 CASS 10.1，在命令行中输入"RunSmartTableTool"，启动模板编辑工具，如图 7-26 所示。

方法二：找到 CASS 10.1 安装路径下的"\bin\SmartTableTool\"文件夹，双击打开"Decoda.exe"。

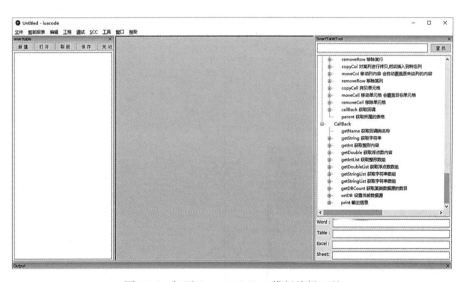

图 7-26　打开 SmartTableTool 模板编辑工具

2. 编辑宗地图模板

步骤如下：

（1）点击 打开 ，选择 CASS 10.1 安装目录下的"report"文件夹，打开"标准宗地图 16 开.zip"，如图 7-27 所示。

图 7-27　打开"标准宗地图 16 开 . zip"

(2)双击图 7-28 的任一红色区域,打开模板,如图 7-29 所示。用户可以在该模板下修改宗地图的尺寸、样式等。

图 7-28　双击红色区域

图 7-29　标准宗地图 16 开 . zip 模板

3. 修改宗地图尺寸

打开宗地图模板文件后，可以看出图 7-30 是以表格的形式存储的，用户可以调整表格的行高、列宽等数据来调整宗地图的大小（调整模板的尺寸，建议以磅为单位）。

模板的行高、列宽等大小，无须是要出图的绝对值大小，只要保证各个高度的比例跟成果要求的比例一致即可，软件会自动根据 cassconfig.db 文件中的 ReportMatchField 表中的宗地图大小和出图的比例尺自动计算。

| 17 | zdt | 参数设置 | SIZE | 宗地图大小 | 2;32开[118*165];16开[139*194];A4竖[188*266];A4横[238*206];A3竖[258*366];A3横[338*276] |

图 7-30　ReportMatchField 表中存储的宗地图大小

4. 查看宗地扩展属性

模板中读取的是宗地的扩展属性，可以在 CASS 10.1 中利用 XDLIST 命令查看图形的扩展属性，如图 7-31 所示。

```
命令: XDLIST
选择实体:
QHDM(string): 121321
SOUTH(string): 300000
SOUTH(string): 141121JC00405
SOUTH(string): 肇庆
SOUTH(string): 072
YBDJH(string):
TUFU(string): 0.00-0.00
SJZGBM(string):
PZTDYT(string): 011 水田
QLRZJLX(string): 1 身份证
QLRZJBH(string):
FRDBXM(string):
FRDBZJLX(string): 1 身份证
FRDBZMS(string):
FRDBDH(string):
DLRXM(string):
DLRZJLX(string): 1 身份证
DLRSFZ(string):
DLRDH(string):
QSLYZM(string):
TXDZ(string):
BDDJ(double): 0.0000000000
TDZL(string):
SBDJ(double): 0.0000000000
DONGZHI(string):
NANZHI(string):
XIZHI(string):
BEIZHI(string):
SBJZWQS(string):
```

图 7-31　XDLIST 查看宗地扩展属性

5. 修改模板的获取值

在标准宗地图 16 开".docx"文件中，存储了模板文件的样式和获取的字段值，如图 7-32 所示，表示制图日期获取的是宗地扩展属性中 ZTRQ 字段存储的值。用户若需要修改该获取值，如获取 TUFU 字段存储的值，可直接将 ZTRQ 替换成 TUFU 后保存模板文件。

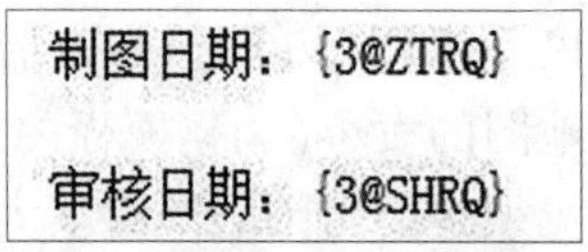

制图日期：{3@ZTRQ}

审核日期：{3@SHRQ}

图 7-32 修改模板获取值

模板文件中如{3@ZTRQ}中的数字，指的是根据不同的数据源来获取值的 lua 脚本协议。该协议中，数据源包括实体属性（包括几何属性和扩展属性）、数据库（二维表等）、设置项（固有值，比如"施工单位、设计单位"等用对话框录入的信息）、元数据（比如 1 类里面包含了 10 个实体，分为界址点和界址线，需要获取它们各自的序号）、自扩展。

可以根据不同的数据源来填写。一般情况下获取的都是实体属性，所以填 1 就可以了。

6. 保存模板文件

保存打开的".docx"文件，并在 SmartTableTool 主界面中点击 保存 按钮。该按钮只是保存模板文件，若修改了 lua 脚本文件，需要利用 Ctrl+S 组合键保存 lua 脚本文件。

实操训练：参照最新规范要求，设置各类表格，制作自定义报表。

思考题

1. 如何自定义符号？自定义的符号有什么作用？
2. 如何自定义图框？默认图框文件存放在哪里？
3. 利用自定义报表功能可以自定义哪些报表？

项目 8　数据质检

本项目将介绍 CASS 软件的数据质检功能。通过学习本项目，能够了解如何使用 CASS 软件进行数据质检，提高数据质量，同时掌握相关知识和技能。

【学习目标】

素质目标：培养学生对地理信息数据质量的责任感，树立数据质量意识，提高对数据质量管理的认识。

知识目标：了解 CASS 软件的数据质检功能、检查内容和方法，掌握相关概念和理论知识。

技能目标：学会使用 CASS 软件进行数据质检，能够根据实际需求编制检查方案，提高数据处理和分析能力。

【学习重点】

(1) CASS 软件的数据质检功能和检查内容；

(2) 编制数据质检方案；

(3) 实际应用案例的分析和操作。

【学习难点】

(1) CASS 软件中各种数据质检规则的建立和编辑；

(2) 根据实际需求编制特定的检查方案。

任务 8.1　编制数据质检方案

CASS 10.1 增强版集成了质检模块，提供开放的方案执行空间，可以自定义编制检查方案。

在 CASS 10.1 环境中打开一幅待处理图，如图 8-1 所示，如要进行"房屋注记正确性检查"，检查对象为房屋，检查内容是注记内容是否与房屋属性一致。编制数据质检方案

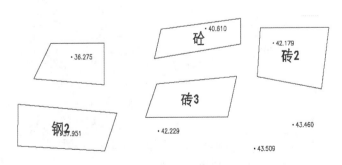

图 8-1　待处理的图形

的操作步骤如下：

8.1.1 启动编辑器

点击"质检模块"→"编辑工具"→"逻辑规则编辑器"，则会弹出编辑器窗口（逻辑规则编辑器也可在安装目录 sme 中双击"TaskEdit.exe"启动）。编辑器窗口初始界面如图 8-2 所示。

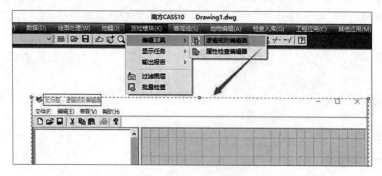

图 8-2　逻辑规则编辑器窗口

8.1.2 新建方案和规则

编辑器启动时都是空白状态，没有历史方案在编辑器中显示，即此时的编辑器处于新建方案状态，只需要点击"设置方案名"命令，如图 8-3 所示。

图 8-3　点击"设置方案名"命令

点击"设置方案名"后会弹出如图 8-4 所示的对话框。

图 8-4　输入方案名称

在此输入要编写的方案的名称，点击"确定"按钮即设置成功。要修改方案名称时，也可执行"设置方案名"命令进行重命名。

如图 8-5 所示，在"规则创建区"点击鼠标右键，弹出右键菜单，点击"新建操作项"可以创建一个新的操作项。

图 8-5　"新建操作项"命令

在创建的操作项上点击右键，执行"重命名"命令，可重命名操作项。如图 8-6 所示。

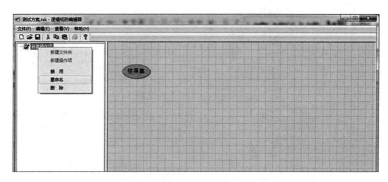

图 8-6　重命名操作项

8.1.3 添加规则

命名之后，鼠标点击左边新建的规则，如图 8-7 中"（房屋注记正确性检查）"，在右边的规则编辑区出现"结果集"椭圆形标识。将鼠标移动至"结果集"标识上，点击鼠标右键，弹出右键菜单，选择"添加→规则"即进入规则列表窗口。

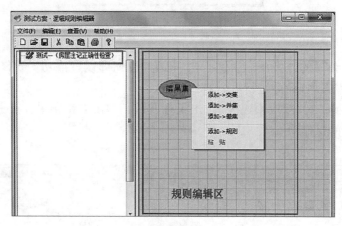

图 8-7　添加规则

在"规则列表"对话框左边列表区查找并选择元规则，在规则中选择所需要检查的项目即可。如检查房屋注记的正确性，进入"功能列表"→"检查功能列表"树目录下的"注记检查"子目录，鼠标左键点击"建筑物注记检查"，会出现图 8-8 所示的界面。

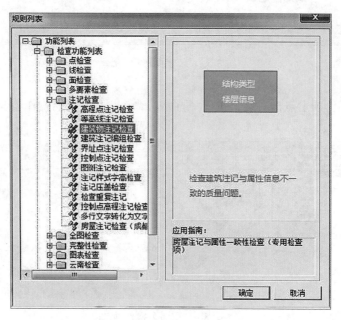

图 8-8　"规则列表"对话框

图 8-8 的右半区是对选中规则的图解说明以及应用指南，方便理解和使用（"应用指南"的内容并不一定是此规则所能实现的功能的全部，这里仅做简单的应用说明指引）。

点击"确定"，进入图 8-9 所示的参数设置窗口，即"规则编辑器"对话框。

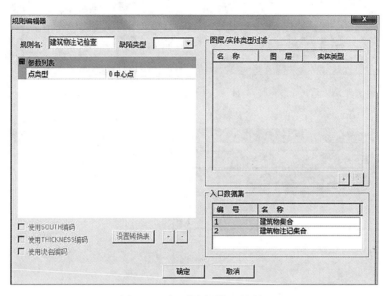

图 8-9 "规则编辑器"对话框

图 8-9 中的参数配置区无可配置的参数，可以不用理会。"规则名"设置为"建筑物注记检查"，"缺陷类型"设置为"重缺陷"（缺陷程度依据对此问题的关注程度，要求越严格，则缺陷程度越高级）。右下方的"入口数据集"中"名称"更名为"建筑物集合"和"建筑物注记集合"（依据相应规则而定，如不设置则按默认名称显示）。参数设置完成后，点击"确定"，规则添加完成，效果如图 8-10 所示。

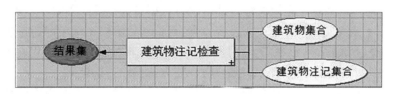

图 8-10 规则添加完成示意图

8.1.4 加入数据集

加入数据集就是添加检查对象，在写规则之前就应该明确检查对象是什么，比如要检查的对象是"房屋"，则需要把图面涉及的房屋集加入进来。操作如下：

将鼠标移至"建筑物集合"黄色标识上，点击鼠标右键，弹出右键菜单，如图 8-11 所示，选择"添加→集合"，会弹出一个数据集合设置窗口，如图 8-12 所示。

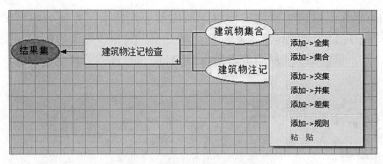

图 8-11　选择"添加→集合"

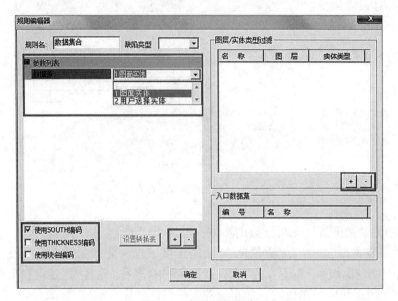

图 8-12　设置数据集合

在图 8-12 所示的数据集合设置窗口即可进行数据集合设置。图中左上角"参数列表"，其数据源包括"1 图面实体""2 用户选择实体"两个选项，第一个选项即通过程序自动选择数据集，第二个选项是在方案执行到此规则时，提示选择数据集，可通过在图面上框选一个区域达到选择数据集的目的（默认选择为 1，通常都是默认选项）。

图 8-12 左下角是数据集中数据的存储和表达方式的选项，CASS 标准的数据使用的是 SOUTH 编码和块编码，"THICKNESS 编码"在开思数据中会用到。

图 8-12 右上方是"图层/实体类型过滤"，通过实体所在图层以及实体类型对图面实体进行过滤。此测试规则中的具体设置如下：

如图 8-13 所示，参数列表内容通过"+""-"来新增和删除，点击"+"弹出新的编辑窗口，即"请输入:"对话框，在此设置数据集合中数据的具体信息，即实体名称和实体编码，设置完成点击"确定"即添加成功（每一个编码对应一类实体）。"图层/实体类型过滤"框中的内容也由相应的"+""-"来添加和删除，点击"+"后会出现图 8-14 所示的窗口。

双击新增的相同条目，则激活相应选项，进入可编辑状态，此测试的设置结果如图 8-14 所示。所有信息设置完成，点击"确定"，加入数据集完成。

规则编辑过程完成，效果如图8-15所示。

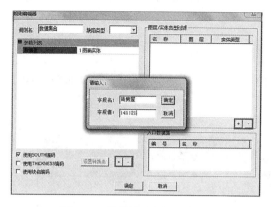

图 8-13　数据集合设置图示 1

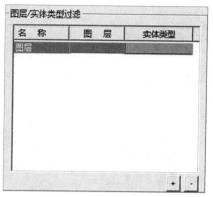

图 8-14　数据集合设置图示 2

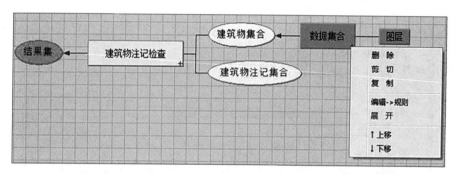

图 8-15　规则编辑效果

"数据集合"标识的右下方有一个"+"符号，说明此处存在信息折叠，在标识上点击鼠标右键，弹出右键菜单，会看到"展开"选项，选择此选项可将折叠信息展开（也可在"数据集合"标识上双击鼠标左键展开折叠信息），展开效果如图8-16所示。

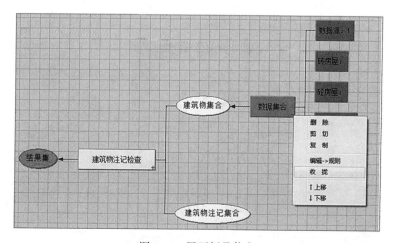

图 8-16　展开折叠信息

展开状态下,在"数据集合"标识上点击鼠标右键,弹出的右键菜单中有一个"收拢"选项,选择它可把展开的信息折叠起来(也可以在"数据集合"标识上双击鼠标左键折叠)。

8.1.5 保存方案

规则编辑完成后点击"保存",新建的方案在保存时会弹出一个对话框,如图8-17所示。

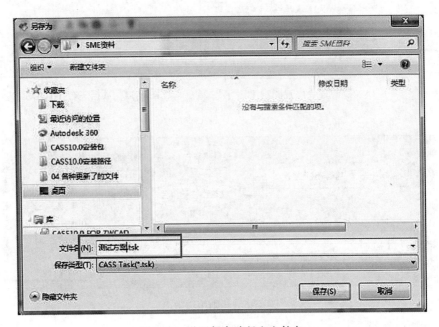

图 8-17　设置保存路径和文件名

先设置方案的存储位置,然后设置文件名,此处设置为"测试方案",点击"保存"即可。如果是对已有方案进行修改后点击"保存",则会出现"保存成功"的命令提示,如图8-18所示。

图 8-18　保存成功提示

实操训练：准备相关地形图资源,编制数据质检方案。

任务 8.2　数据质检

利用 CASS 进行数据质量检查，可通过两种方式实现。一种是 CASS 自带的数据检查功能，另一种是通过自定义编制质检方案进行。下面分别介绍这两种方式的操作过程。

8.2.1　CASS 自带的数据检查

CASS 10.1 自带的数据检查方案有两部分，一部分是检查入库功能里面的数据检查，另一部分是质检模块下任务列表中的成果数据质检方案。

1. 检查入库功能

进入 CASS 环境，导入待处理图，如图 8-19 所示。

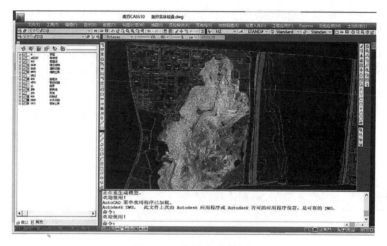

图 8-19　待检查实体图

点击"检查入库"→"图形实体检查"，如图 8-20 所示。弹出图 8-21 所示的"图形实体检查"对话框。

图 8-20　"图形实体检查"命令

图 8-21　图形检查功能

"图形实体检查"对话框中包含 10 项检查功能,每项检查功能的说明如表 8-1 所示。

表 8-1　图形实体检查功能

检查项目	功能说明
编码正确性检查	检查地物是否存在编码,类型正确与否
属性完整性检查	检查地物的属性值是否完整
图层正确性检查	检查地物是否按规定的图层放置,防止误操作。例如,一般房屋应该放在"JMD"层的,如果放置在其他层,程序就会报错,并对此进行修改
符号线型线宽检查	检查线状地物所使用的线型是否正确。例如,陡坎的线型应该是"10421",如果用了其他线型,程序将自动报错
线自相交检查	检查地物之间是否相交
高程注记检查	检核高程点图面高程注记与点位实际的高程是否相符
建筑物注记检查	检核建筑物图面注记与建筑物实际属性是否相符,如材料、层数
面状地物封闭检查	此项检查是面状地物入库前的必要步骤。可以自定义"首尾点间限差"(默认为 0.5 米),程序自动将没有闭合的面状地物的首尾强行闭合;当首尾点的距离大于限差,则用新线将首尾点直接相连,否则尾点将并到首点,以达到入库的要求
复合线重复点检查	旨在剔除复合线中与相邻点靠得太近又对复合线的走向影响不大的点,从而达到减少文件数据量、提高图面利用率的目的。可以自行设置"重复点限差"(默认为 0.1),执行检查命令后,如果相邻点的间距小于限差,则程序报错,并自行修改
等值线高程值检查	检查等值线高程注记是否正确

勾选需要检查的功能,点击 检查 ,CASS 自动对图件进行检查,如进行"编码正确性检查",如图 8-22 所示。

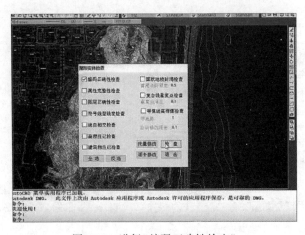

图 8-22　进行"编码正确性检查"

检查结束后,结果会在图面中显示,如图8-23所示。

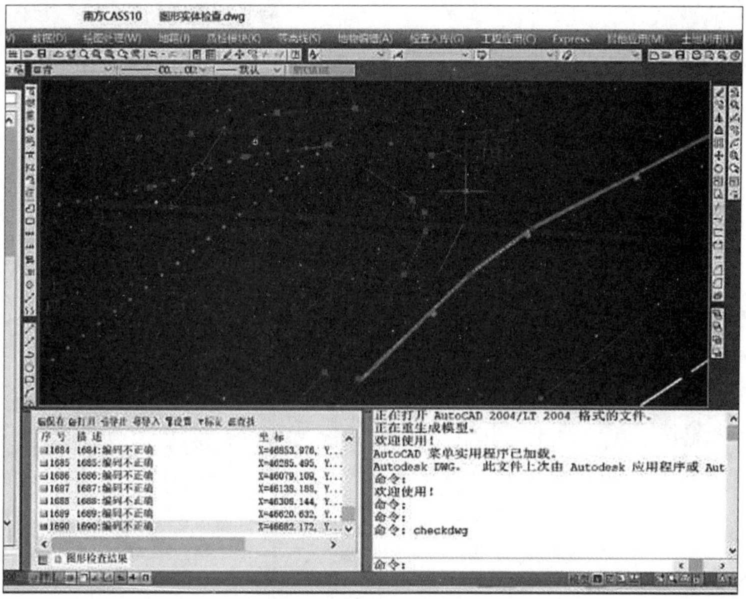

图 8-23 检查结果

如要进行修改,左键双击错误行,双击后的错误会在图上闪动。先找到一个或创建一个与要修改地物一样的实体,点击"加入实体编码"(屏幕左侧),根据命令行提示,点击有编码的实体,再点击要修改的实体,回车即可。

2. 质检模块

点击"质检模块"→"显示任务"子菜单中的"任务列表",如图8-24所示,系统弹出"规则列表"对话框,通过此对话框导入方案并执行操作。

图 8-24 "任务列表"命令

图 8-25 "规则列表"对话框

左上角的"+"号按钮是导入方案的入口,点击该按钮后,启动图8-26所示的对话框。

选择方案，点击"打开"即把此方案导入任务列表中，如图 8-27 所示。

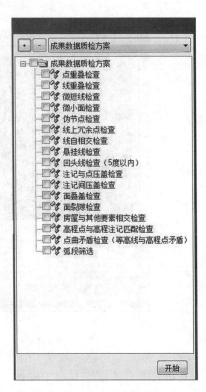

图 8-26　CASS 自带质检方案　　　　　图 8-27　导入方案

图 8-27 中的"–"号则是将规则列表中当前选中的方案清除出任务列表。点击"–"符号，弹出图 8-28 所示信息。

图 8-28　移除方案对话框

点击"是",将此方案从任务列表中清除;点击"否",取消清除命令。方案导入后,勾选列表中树目录选项,树目录勾选时的选中原则是:勾选树根目录时,其子目录选项也被选中;勾选子目录特点选项时,其他同级选项不会被选中,但其根目录项被选中(如子目录下还包含子目录或者子选项时,同样服从此原则)。再次点击选中项则取消勾选目录,取消选中的原则和选中原则类似。

选中方案需要执行的选项后,点击"开始"。可以勾选一个选项,也可以勾选多个选项,如图8-29所示,被勾选的选项按列表顺序从上往下依次执行,执行完毕,命令行提示"执行完毕"。

图8-29 勾选质检方案选项

执行命令后,在CASS窗口正下方显示检查信息窗口,如图8-30所示。在检查信息窗口中双击某一检查结果,该结果会在图中显示,可点 ▼标记 ,方便下次复核。

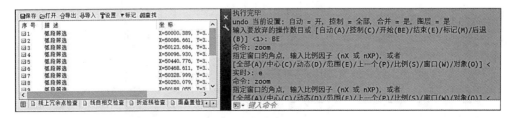

图8-30 检查信息窗口

8.2.2 自定义自检

进入 CASS 环境，导入待处理图，按照本项目任务 8.1 的内容先编写质检方案并保存。选择"质检模块"→"显示任务"→"任务列表"，系统弹出如图 8-25 所示的"规则列表"对话框。点击右上角"+"按钮，弹出图 8-31 所示的对话框，在查找范围处设置编辑好的方案存放的位置，选择需要导入的方案，单击"打开"按钮，完成方案的导入。

导入结果如图 8-32 所示。

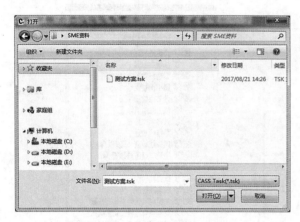 

图 8-31　选择自定义方案　　　　　　图 8-32　导入编制的质检方案

在"规则列表"对话框中可看到方案名称"测试方案"以及测试规则"测试一（房屋注记正确性检查）"。将鼠标移至左上方的矩形框内，点击鼠标左键勾选规则，然后点击右下方的"开始"按钮（在点击"开始"之前，先确定 CASS 环境中是否有其他的命令处于激活状态，如有激活状态的命令，请先结束该命令，再点击"开始"按钮），对待处理图进行检查。

规则执行完毕，在命令行会提示"执行完毕"四个字，点击"质检模块"→"显示任务"，选择"显示信息"，会弹出一个信息浏览框，从信息浏览框中可以看到规则执行的结果信息，如图 8-33 所示。

图 8-33　信息浏览框

信息浏览框内的每一条信息都与图上相应实体关联，双击信息会将关联的实体居中放大显示在绘图窗口中，如图 8-34 所示。

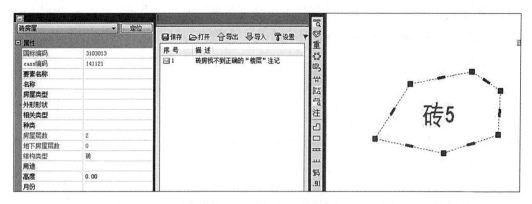

图 8-34　错误显示示例

从 CASS 的属性面板中查得此实体的属性信息如图 8-35 所示，房屋层数在属性信息中是 2 层，而图面上的注记楼层是 5 层，即注记和属性不一致。

图 8-35　属性面板

在实际应用中，属性信息和注记信息不一致的情况通常有两种处理方式：第一种处理方式是以属性信息为准修改注记信息；第二种处理方式是以注记信息为准修改属性信息。

实操训练：根据本项目任务 8.1 完成的数据质检方案，设置数据质检方案。

任务 8.3　质检报告分析

CASS 质检完成后，针对数据质量检查可输出报告，根据信息浏览器中的检查结果信息导出报告，生成 Excel 格式和 XML 格式两种类型的文件。

8.3.1　导出报告

点击“质检模块”→“输出报告”→“导出报告(excel)”命令，如图 8-36 所示，在 CASS 命令行输入项目名称后，信息窗口中的所有信息导出生成 Excel 格式文件，保存 Excel 文件即可，如图 8-37 所示。

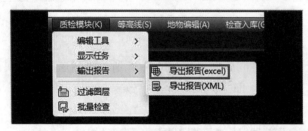

图 8-36　“导出报告(excel)”命令

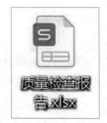

图 8-37　保存 Excel 文件

打开保存的 Excel 文件，可看到对检查项目的描述、坐标、类型和创建时间，在 Excel 下方可以切换检查项目，如图 8-38 所示。

项目名称	描 述	坐 标	类 型	创建时间
123	弧段筛选	X=50000.389, Y=30717.688		2022/10/6 10:41
123	弧段筛选	X=50086.661, Y=30701.450		2022/10/6 10:41
123	弧段筛选	X=50123.684, Y=30681.199		2022/10/6 10:41
123	弧段筛选	X=50096.930, Y=30726.831		2022/10/6 10:41
123	弧段筛选	X=50440.776, Y=30400.340		2022/10/6 10:41
123	弧段筛选	X=50468.611, Y=30400.340		2022/10/6 10:41
123	弧段筛选	X=50328.999, Y=30507.754		2022/10/6 10:41
123	弧段筛选	X=50250.079, Y=30555.676		2022/10/6 10:41
123	弧段筛选	X=50188.055, Y=30631.715		2022/10/6 10:41
123	弧段筛选	X=50188.093, Y=30687.740		2022/10/6 10:41
123	弧段筛选	X=50499.997, Y=30699.126		2022/10/6 10:41
123	弧段筛选	X=50500.272, Y=30676.426		2022/10/6 10:41
123	弧段筛选	X=50419.728, Y=30745.560		2022/10/6 10:41
123	弧段筛选	X=50395.926, Y=30770.212		2022/10/6 10:41
123	弧段筛选	X=50245.918, Y=30686.087		2022/10/6 10:41
123	弧段筛选	X=50500.011, Y=30769.224		2022/10/6 10:41

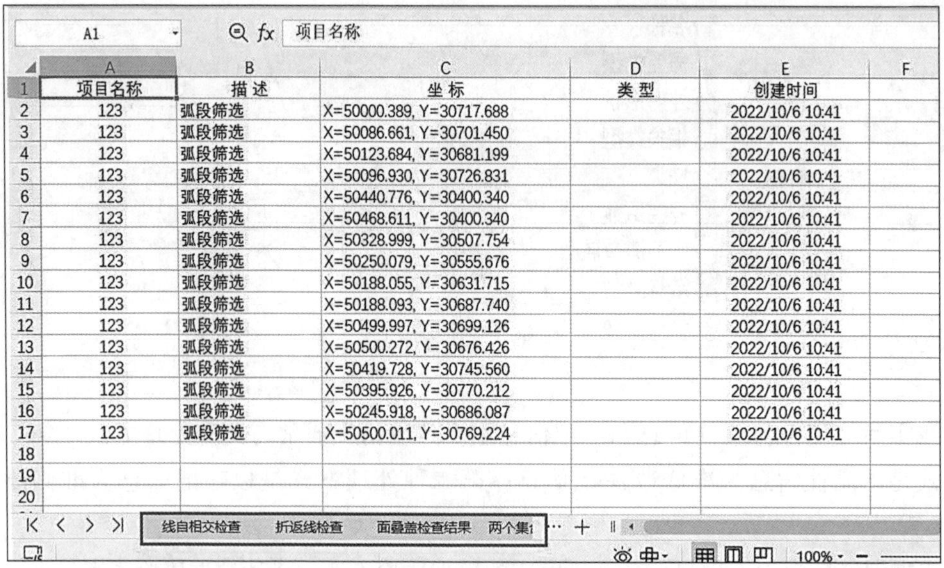

图 8-38　生成的 Excel 质检报告

8.3.2 导出报告

点击"质检模块"→"输出报告"→"导出报告(XML)"命令,如图 8-39 所示,在 CASS 命令行指定输出的项目名称(如"汇总")后回车,弹出图 8-40 所示的保存文件路径对话框,指定检查报告存储目录,点击"确定"即可生成 XML 文件。

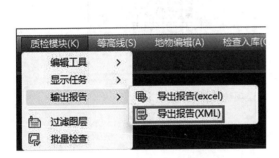

图 8-39 "导出报告(XML)"命令

图 8-40 保存文件路径对话框

在文件存储目录打开"汇总.xml",可看到 XML 格式的报告汇总表,包括质检报告(见图 8-41)和错误项统计饼状图(见图 8-42)。

图 8-41 质检报告

实操训练:根据本项目任务 8.2 完成的数据质检结果,完成:①导出质检报告分析;②根据分析结果修改原图件;③重复本项目任务 8.2、任务 8.3 的工作,直到质检报告合格为止。

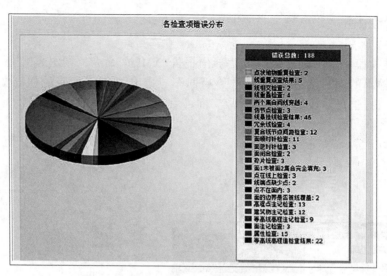

图 8-42 错误项统计饼状图

思考题

1. 质检方案的作用？
2. 数据质检的意义有哪些？
3. 数据质检可以检查哪些问题？

项目 9　数据交换

本项目将介绍 CASS 软件的数据交换功能。通过学习本项目，学生将掌握 CASS 软件提供的导出向导，根据特定需要选择相应的输出格式和参数设置，从而将 CASS 绘制的成果转换为其他常用的数据格式。

【学习目标】

素质目标：强化学生对数据转换重要性的认识，理解不同数据格式间转换对于地理信息系统工作的意义。

知识目标：掌握 Google 数据格式、ArcGIS 数据格式、MapGIS 数据格式的基本结构和特点，学习成果数据在不同数据格式间转换的原理和方法。

技能目标：能够熟练使用南方 CASS 软件将数据从南方 CASS 软件转换到 Google Earth、ArcGIS、MapGIS 格式的具体操作步骤。

【学习重点】

(1) 南方 CASS 软件的操作流程；

(2) 不同数据格式的结构和转换规则；

(3) 实际操作中的数据转换步骤和注意事项。

【学习难点】

(1) 理解不同数据格式间的转换规则，特别是它们在坐标系、属性字段等方面的差异；

(2) 实际操作中可能遇到的兼容性问题和数据丢失问题；

(3) 成果数据的精度和完整性保持，尤其是在转换过程中的处理技巧。

任务 9.1　Google Earth 数据交换

9.1.1　Google Earth 基本情况

Google Earth(谷歌地球，GE)是一款谷歌公司开发的虚拟地球软件，它把卫星照片、航空照相和 GIS 布置在一个地球的三维模型上。Google Earth 来源于 Keyhole(锁眼)公司自家原有的旗舰软件，谷歌地球于 2005 年向全球推出。用户们可以通过一个下载到自己电脑上的客户端软件，免费浏览全球各地的高清晰度卫星图片。

Google Earth 上的全球地貌影像的有效分辨率至少为 100 米，通常为 30 米(例如中国)，视角海拔高度为 15 千米左右(即宽度为 30 米的物品在影像上就有一个像素点，再放大就是马赛克了),但针对大城市、著名风景区、建筑物区域会提供分辨率为 1 m 或 0.5 m 左右的高精度影像,视角海拔高度分别约为 500 米或 350 米。提供高精度影像的城市多集中在北美和欧洲,其他地区往往是首都或极重要城市才提供。中国有高精度影像的地区有很多,几乎所有大城市都有。另外,大坝、油田、桥梁、高速公路、港口码头与军用机场等也是 Google Earth 重点关照对象。

Google Earth 免费供个人使用,其功能主要有:结合卫星图片、地图以及强大的 Google 搜索技术,提供全球地貌信息;模拟太空漫游,"驾驶"宇宙飞船,参观月球和火星;Google Earth 采用了成熟的宽带流技术,能展示寻找地区的鸟瞰图,搜索学校、公园、餐馆、酒店,获取驾车指南,日常生活和旅行服务;提供 3D 地形和建筑物,浏览视角支持倾斜或旋转,可体验到逼真的视觉感受;模拟 3D 飞行,坐在电脑前就可以在名山大川间翱翔;Google Ocean 功能利用 3D 技术深入海底,可观察到神秘的海沟、海底裂缝、海底火山,并能身临其境地在虚拟的海洋里畅游,收看有关异国海洋生物的视频,阅读有关海域海滩的资料等。

实操训练:准备实际案例资源,完成 CASS 与谷歌地球数据交换任务。

9.1.2 Google Earth 数据格式

Google Earth 主要使用 KML 格式的数据。KML,是标记语言(Keyhole markup language)的缩写,最初由 Keyhole 公司开发,是一种基于 XML 语法与格式的、用于描述和保存地理信息(如点、线、图像、多边形和模型等)的编码规范,可以被 Google Earth 和 Google Maps 识别并显示。Google Earth 和 Google Maps 处理 KML 文件的方式与网页浏览器处理 HTML 和 XML 文件的方式类似。像 HTML 一样,KML 使用包含名称、属性的标签(Tag)来确定显示方式。2008 年 4 月微软公司的 OOXML 成为国际标准后,Google 公司宣布放弃对 KML 的控制权,由开放地理空间信息联盟(OGC)接管 KML 语言,并将 Google Earth 及 Google Maps 中使用的 KML 语言变成为一个国际标准。

9.1.3 CASS 导出、导入 Google Earth 格式

1. 导出 Google Earth 格式

选择要导出的对象,如图 9-1 所示。

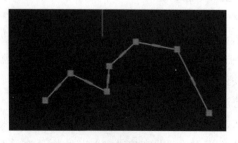

图 9-1 选择要导出的对象

点击"检查入库"→"导出 GOOGLE 地球格式",如图 9-2 所示,弹出"另存为"对话框,如图 9-3 所示,指定保存路径,点击"保存"按钮,将数据导出成"*.kml"格式。

图 9-2 "导出 GOOGLE 地球格式"命令

图 9-3 设置导出文件的保存路径

2. 导入 Google Earth 格式

CASS 软件可导入"*.kml"格式文件,该功能仅支持导入线、注记。点击"检查入库"→"导入 GOOGLE 地球格式"命令,如图 9-4 所示,弹出"打开"对话框,如图 9-5 所示,点击"打开"即可。

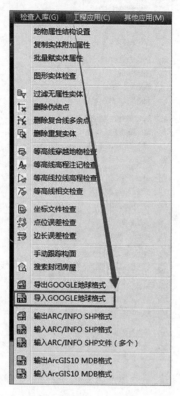

图 9-4 "导入 GOOGLE 地球格式"命令

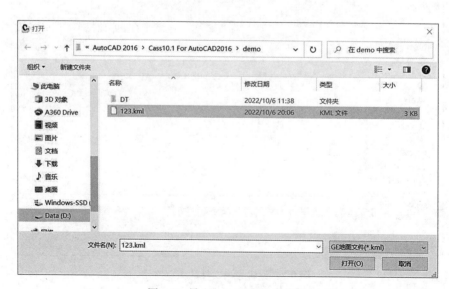

图 9-5 导入"*.kml"格式文件

任务 9.2　ArcGIS 数据交换

9.2.1　ArcGIS 概述

ArcGIS 是由 Esri 开发和维护的一系列客户端软件、服务器软件和在线地理信息系统（GIS）服务。ArcGIS 于 1999 年首次发布，最初作为 ARC/INFO 发布，这是一个基于命令行的用于操作数据的 GIS 系统。ARC/INFO 后来被合并到 ArcGIS Desktop，最终在 2015 年被 ArcGIS Pro 取代。ArcGIS Pro 可用于 2D 和 3D 制图和可视化，并包括人工智能（AI）。

ArcGIS 是 Esri 公司集 40 余年地理信息系统咨询和研发经验，奉献给用户的一套完整的 GIS 平台产品，具有强大的地图制作、空间数据管理、空间分析、空间信息整合、发布与共享的能力。ArcGIS Pro 是在桌面上创建和处理空间数据的基本应用程序。它提供用于在 2D 和 3D 环境中显示、分析、编译和共享数据的工具。

ArcGIS 具有如下功能：

（1）空间数据的编辑和管理是地理信息系统软件的基本功能之一。ArcGIS 具有强大的数据编辑、版本管理、数据共享、企业级数据管理功能，还具有空间数据采集、空间数据库创建、拓扑关系创建与管理等功能。

（2）ArcGIS 平台拥有完整的地图生产体系，包括制图符号化、地图标注、制图编辑、地图输出和打印。

（3）地理处理的基础是数据变换，在 ArcGIS 中，Geoprocessing 包含了几百个空间处理工具，执行对数据集的各种操作，从而生成新的数据集。

（4）空间分析是 GIS 最具特色的一部分内容。ArcGIS 拥有数百种分析工具和操作方式，它们可以用于解决各种类型的问题，从查找满足特定条件的要素，到构建自然过程模型（例如经过各种地形的水流），或使用空间统计工具确定哪一组样本点可以揭示某种现象的分布（例如空气质量或人口特征）。

（5）栅格数据是 GIS 数据的重要来源，由卫星和航空器及其他栅格数据采集器得到。另外，数字高程模型、扫描纸质地图、专题栅格数据等也是栅格数据的重要来源。

9.2.2　ArcGIS 常用数据格式

1. Shape 数据

Shapefile 是 ArcGIS 的原生数据格式，属于简单要素类，用点、线、多边形存储要素的形状，却不能存储拓扑关系，具有简单、快速显示的优点。一个 Shapefile 是由若干个文件组成的，空间信息和属性信息分离存储，所以称之为"基于文件"。每个 Shapefile 都至少由以下三个文件组成。

*.shp：存储的是几何要素的空间信息，也就是 X 和 Y 坐标。

*.shx：存储的是有关 *.shp 存储的索引信息。它记录了在 *.shp 中空间数据是如何存储的，X 和 Y 坐标的输入点在哪里，有多少 X、Y 坐标对等信息。

*.dbf：存储地理数据的属性信息的 dBase 表。

这三个文件是一个 Shapefile 的基本文件，Shapefile 还可以有其他一些文件，但所有这些文件都与该 Shapefile 同名，并且存储在同一路径下。

其他较为常见的文件如下：

*.prj：如果 Shapefile 定义了坐标系统，那么它的空间参考信息将会存储在 *.prj 文件中。

*.shp.xml：这是对 Shapefile 进行元数据浏览后生成的.xml 元数据文件。

*.sbn 和 *.sbx：这两个存储的是 Shapefile 的空间索引，它能加速空间数据的读取。这两个文件是在对数据进行操作、浏览或连接后才产生的，也可以通过 ArcToolbox—Data Management Tools—Indexes—Add spatial Index 工具生成。

虽然 Shapefile 无法存储拓扑关系，但它并不是普通用于显示的图形文件，作为地理数据，它自身有拓扑的。比如一个多边形要素类，Shapefile 会按顺时针方向为它的所有顶点排序，然后按顶点顺序两两连接成边线向量，在向量右侧的为多边形的内部，在向量左侧的是多边形的外部。

由于地理信息的迅速发展以及 ArcView GIS 软件在世界范围内的推广，Shapefile 格式的数据使用非常广泛，数据来源也较多。很多软件都提供了向 Shapefile 转换的接口（如：MapInfo、MapGIS 等）。ArcGIS 支持对 Shapefile 的编辑操作，也支持 Shapefile 向第三代数据模型 Geodatabase 的转换。

2. Coverage 数据

Coverage 是 ArcGIS 的原生数据格式。之所以称之为"基于文件夹的存储"，是因为在 Windows 资源管理器下，数据的空间信息和属性信息是分别存放在两个文件夹里的。Coverage 是一个集合，它可以包含一个或多个要素类。

例如，储存在计算机的 Coverage 文件，它们在 Windows 资源管理器下的所有信息都以文件夹的形式来存储。空间信息以二进制文件的形式存储在独立的文件夹中，文件夹名称即为该 Coverage 名称，属性信息和拓扑数据则以 INFO 表的形式存储。Coverage 将空间信息与属性信息结合起来，并存储要素间的拓扑关系。

Coverage 是一个非常成功的早期地理数据模型，多年来深受用户欢迎，很多早期的数据都是 Coverage 格式的。Esri 不公开 Coverage 的数据格式，但是提供了 Coverage 格式转换的一个交换文件（interchange file，即 E00），并公开数据格式，这样就方便了 Coverage 数据与其他格式的数据之间的转换。但是 Esri 为推广其第三代数据模型 Geodatabase，从 ArcGIS 8.3 版本开始，屏蔽了对 Coverage 的编辑功能。如果需要使用 Coverage 格式的数据，可以安装 ArcInfo Workstation，或者将 Coverage 数据转换为其他可编辑的数据格式。

3. Geodatabase 数据

Geodatabase 作为 ArcGIS 的原生数据格式，体现了很多第三代地理数据模型的优势。随着 IT 技术的发展，普通的事务型数据的管理模式，早已从传统的基于文件的管理转向利用基于工业标准建立的关系型数据库进行管理，这种基于数据库的管理方式的优点是不言而喻的。那么，带有空间信息的地理数据是否也可以利用这种非常成熟的数据库技术进行管理呢？于是 Esri 公司推出了 Geodatabase 数据模型，利用数据库技术高效安全地管理我们的地理数据。

Geodatabase 可以分为两种：一种是基于 Microsoft Access 的 personal geodatabase（mdb 数据）；另一种是基于 Oracle、SQL Server、Informix 或者 DB2 的 enterprise geodatabase（gdb 数据），由于它需要中间件 ArcSDE 进行连接，所以 enterprise geodatabase 又称为 ArcSDE geodatabase。由于 Microsoft Access 自身容量的限制，personal geodatabase 的容量上限为 2GB，这显然不能满足企业级的海量地理数据的存储需求。于是，将 Geodatabase 扩展为 ArcSDE geodatabase，底层数据库可以使用 Oracle 这样的大型关系数据库，能够存储近乎"无限"的海量数据（仅受硬盘大小的限制）。虽然底层使用的数据库各不相同，但是 Geodatabase 给用户提供的是一个一致的操作环境。

在 Geodatabase 中，不仅可以存储类似 Shapefile 的简单要素类，还可以存储类似 Coverage 的要素集，并且支持一系列的行为规则对其空间信息和属性信息进行验证。表格、关联类、栅格、注记和尺寸都可以作为 Geodatabase 对象存储，这些在 perasonal geodatabase（mdb 数据）和 ArcSDE geodatabase（gdb 数据）中都是一样的（栅格的存储有点小差异，但对用户来说都是一样的）。

9.2.3　CASS 与 ArcGIS 数据交换

1. SHP 格式文件的输出、输入

1）输出 SHP 格式文件的方法

点击"检查入库"→"输出 ARC/INFO SHP 格式"，如图 9-6 所示，弹出图 9-7 所示的对话框。

图 9-6　"输出 ARC/INFO SHP 格式"命令　　图 9-7　"生成 SHAPE 文件"对话框

选择无编码的实体是否转换、弧段插值的角度间隔、文字是转换到点还是线，点击"确定"按钮。选择生成的 SHP 文件保存在哪一个文件夹内（可以直接输入文件路径），如图 9-8 所示，完成 SHP 格式文件的转换。

图 9-8　保存 SHP 格式文件对话框

2）输入 ARC/INFO SHP 格式文件的方法

点击"检查入库"→"输入 ARC/INFO SHP 格式"，如图 9-9 所示，弹出图 9-10 所示的对话框。各选项功能如表 9-1 所示。

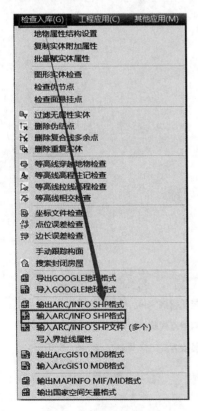

图 9-9　"输入 ARC/INFO SHP 格式"命令　　图 9-10　导入 SHP 格式文件时的"字段匹配"对话框

表 9-1　选项功能说明

选　项	功能说明
源字段名	选择的 SHP 文件的属性字段
匹配的目标字段	要写入的图层的属性字段，即"匹配表名"
匹配表名	选择要导入的图层名
另存为	将当前对照关系另存
加载	加载预定义的对照关系
确定	根据对照关系，执行操作
取消	取消操作，并关闭当前对话框

2. MDB 格式文件的输出、输入

CASS 10.1 升级后，支持不安装 ArcGIS10.0 组件即可输出和输入 MDB 文件。

1) 输出 MDB 格式文件的方法

点击"检查入库"→"输出 ArcGIS10MDB 格式"，如图 9-11 所示，点选或者框选要导出的数据后按回车键，弹出图 9-12 所示的对话框。设置要导出的图形属性，指定保存路径，点击"确定"，导出 MDB 格式文件，在 ArcGIS 10.×中打开即可。

图 9-11　"输出 ArcGIS10 MDB 格式"命令

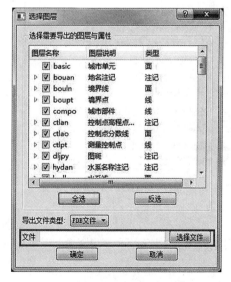

图 9-12　导出 MDB 格式文件对话框

2)输入 MDB 格式文件的方法

点击"检查入库"→"输入 ArcGIS10 MDB 格式",如图 9-13 所示。分析 MDB 文件,如果是没有 CASS 编码的,"考虑配置信息"选择"不考虑",如图 9-14 所示,并将"GIS 数据图层"和"CASS 编码"手动匹配。如果是具有 CASS 编码的,如图 9-15 所示,设置自动匹配图层,输入 CASS 10.1 后自动成图。

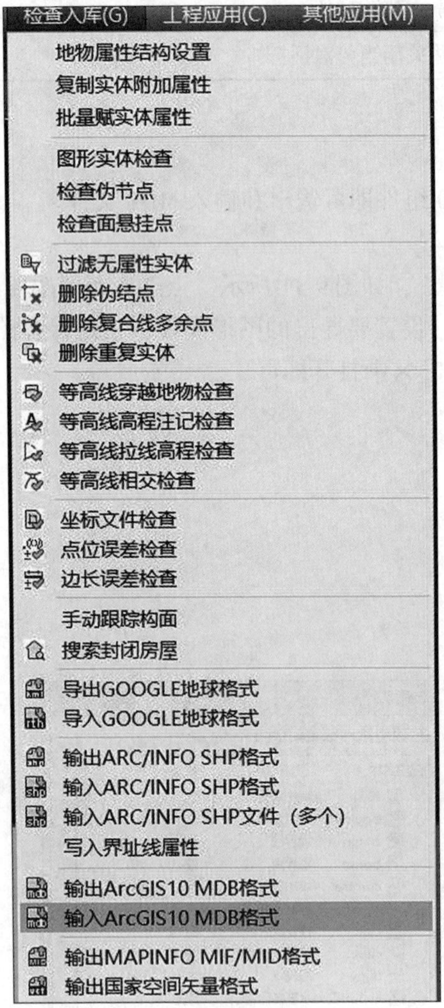

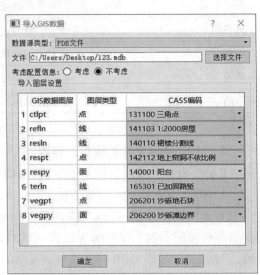

图 9-14 导入没有 CASS 编码的 MDB 文件

图 9-15 导入有 CASS 编码的 MDB 文件

图 9-13 "输入 ArcGIS10 MDB 格式"命令

实操训练:准备实际案例资源,完成 CASS 与 ArcGIS 的数据交换。

任务 9.3　MapGIS 数据交换

9.3.1　MapGIS 基本情况

MapGIS 是中国地质大学开发的通用工具型地理信息系统软件,它是在享有盛誉的地图编辑出版系统的 MapCAD 基础上发展起来的,可对空间数据进行采集、存储、检索、分析和图形表示。MapGIS 包括 MapGIS 的全部基本制图功能,可以制作具有出版精度的十分复杂的地形图和地质图。同时,它能对地形数据与各种专业数据进行一体化管理和空间分析查询,从而为多源地学信息的综合分析提供了一个理想的平台。

9.3.2　MapGIS 主要功能

1. 数据输入

在建立数据库时,需要将各种类型的空间数据转换为数字数据,数据输入是 GIS 的关键之一。MapGIS 提供的数据输入有数字化仪输入、扫描矢量化输入、GPS 输入和其他数据源的直接转换。

2. 数据处理

输入计算机后的数据及分析、统计等生成的数据在入库、输出的过程中常常要进行数据校正、编辑、图形整饰、误差消除、坐标变换等工作。MapGIS 通过图形编辑子系统及投影变换、误差校正等系统来完成。

3. 数据库管理

MapGIS 数据库管理分为网络数据库管理、地图库管理、属性库管理和影像库管理四个子系统。

4. 空间分析

MapGIS 包括矢量空间分析、数字高程模型、网络分析、图像分析、电子沙盘五个子系统。

5. 数据输出

MapGIS 的数据输出可通过输出子系统、电子表定义输出系统实现文本、图形、图像、报表等的输出。

9.3.3　MapGIS 数据格式

MapGIS 的标准数据格式主要有点(.WT)、线(.WL)、面(.WP)三种类型,它们都是 ASCII 码的明码文件:点标示的是一个控制点位置和符号或注释,线标示的是如省界、国界、等高线、路在内的线状要素,面是由首尾相连的弧段组成的封闭图形,并以颜色和花纹图案填充。

9.3.4 输出 MAPINFO MIF/MID 格式

点击"检查入库"→"MAPINFO MIF/MID 格式",如图 9-16 所示,弹出图 9-17 所示的对话框,点击"确定"后,弹出图 9-18 所示的设置保存路径对话框,选择生成的 MIF/MID 文件保存在哪一个文件夹内(可以直接输入文件路径)。点击"确定",完成 MIF/MID 格式文件的输出。

图 9-16 "输出 MAPINFO MIF/MID 格式"命令

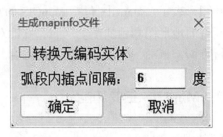

图 9-17 "生成 mapinfo 文件"对话框

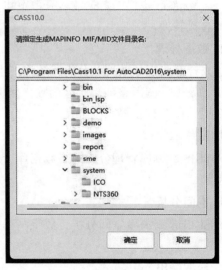

图 9-18 设置保存 MAPINFO MIF/MID 文件路径对话框

实操训练:准备实际案例资源,完成 CASS 与 MapGIS 数据交换的任务。

思考题

1. 为什么要把 CASS 生产的数据转换为别的数据格式？
2. Google Earth 有哪些应用？KML 数据格式的特点是什么？
3. ArcGIS 的主要功能有哪些？ArcGIS 的数据格式有哪些，各有什么特点？
4. MapGIS 的数据格式有哪些？各存储什么数据？

项目 10　CASS 软件二次开发

本项目将介绍 CASS 软件二次开发项目的基本概念和意义，同时探讨 AutoCAD 二次开发软件的特点和应用领域。通过学习本项目，学生将掌握 AutoCAD 二次开发的基本方法，特别是 AutoLISP 开发工具的应用。

【学习目标】

素质目标：培养学生对 CAD 软件二次开发的兴趣和热情，激发学生对工程设计领域的探索精神。

知识目标：了解 CASS 软件二次开发项目的基本概念、意义和 AutoCAD 二次开发软件的特点、应用领域及相关技术。

技能目标：掌握 AutoCAD 二次开发的基本方法和相关技术，并能将其应用于工程设计领域。

【学习重点】

(1)二次开发在 CAD 软件中的重要作用和意义；
(2)AutoCAD 二次开发软件的特点和应用领域；
(3)AutoLISP 的应用方法和技巧；
(4)二次开发技能的实际操作和应用。

【学习难点】

(1)理解二次开发在 CAD 软件中的实现原理和机制；
(2)掌握 AutoLISP 的应用技巧；
(3)将二次开发技能应用于实际工程设计领域，并实现高效的设计工作。

任务 10.1　AutoCAD 二次开发软件简介

AutoCAD 是美国 Autodesk 公司推出的通用绘图软件。随着计算机技术的飞速发展，AutoCAD 绘图软件的使用也愈益广泛，其丰富的绘图功能和良好的用户界面，在测绘工程领域中已得到了普遍的应用，特别是该软件提供的编程工具和接口技术，为用户开发应用该软件系统创造了十分有利的条件。AutoCAD 提供的开发工具主要有 Visual LISP、VBA 和 ObjectARX 等。本项目介绍 VisualLISP 在测量工程的数字化成图和工程测量中计算和绘图的程序设计和应用。

AutoCAD 具有开放的体系结构，它提供了多种开发工具，允许用户和开发者对其功能进行扩充和修改，即二次开发，能最大限度地满足用户的特殊要求。二次开发主要涉及以下内容：

（1）编写各种用户自定义函数和命令，并形成若干 LISP、ARX、VLX 或 ADS 文件，以及一些 DCL 文件。

（2）建立符合自己要求的菜单文件，一般可在 AutoCAD 原菜单文件内添加自己的内容，对于 AutoCAD 2000 以上版本还可增加部分菜单文件，然后经交互方式加入系统中。

（3）在系统的 ACAD.LSP 或类似文件中加入某些内容以便进行各种初始化操作，如在启动时立即装入一些文件等。

（4）通过系统对话框设置某些路径。这些操作在程序开发成功后向其他 AutoCAD 系统上安装应用，特别是大批量安装时，需要进行很多文件检索、内容增删、子目录创建、文件拷贝、系统设置等烦琐工作，如能令上述工作全部自动进行，使整个二次开发程序在无人干预的情况下嵌入系统，将大大提高工作效率。

AutoCAD 第一版于 1982 年 11 月由 Autodesk 公司推出，它之所以能进入中国，并快速普及，主要是一大批国内工程设计和机械设计二次开发商的功劳，包括南方 CASS、浩辰、圆方、大恒、天正等。因为二次开发软件根据行业特点和专业设计需要将一系列 CAD 命令集成起来，比直接用 CAD 画图更简单，速度更快，因此在 20 世纪 90 年代中期，计算机还不太普及，很多人连开机都不会的情况下，简单易用的国产二次开发软件对 AutoCAD 在国内的普及起到非常重要的作用。但随后的十年时间里，这些二次开发商只有少数还坚持在做二次开发，例如 CASS、天正，而有些厂商被 AutoCAD 推出的同类应用软件打垮，转而成为 Autodesk 的代理商，例如大恒等，还有一些开始开发自主的 CAD 平台，并提供了类似的二次开发接口，例如浩辰 CAD、中望 CAD 等。

下面简单介绍一下 AutoCAD 所提供的一些二次开发工具：

10.1.1 AutoLISP

AutoLISP 的全名是 list processing language，它出现于 1985 年推出的 AutoCAD 2.18 中，是一种嵌入在 AutoCAD 内部的编程语言，是 LISP 原版的一个子集，它一直是低版本 AutoCAD 的首选编程语言。它是一种表处理语言，是被解释执行的，任何一个语句键入后就能马上执行，它对于交互式的程序开发非常方便。其缺点是继承了 LISP 语言的编程规则而导致繁多的括号。LISP 的扩展名为"*.lsp"，是纯文本文件，在不同版本的 CAD 中都可以直接加载运行。

10.1.2 Visual LISP

Visual LISP(简称 VLISP)是在 LISP 基础上增加了一些 VL 函数，另外提供了一个有色代码编辑器，集成在 AutoCAD 2000 以上版本中，它可以直接使用 AutoCAD 中的对象和反应器，进行更底层的开发。其特点为自身是默认的代码编辑工具；用它开发 AutoLISP 程序的时间被大大地缩短，原始代码能被加密，以防盗版和被更改；能帮助大家使用

ActiveX 对象及其事件；使用了流行的有色代码编辑器和完善的调试工具，使大家很容易创建和分析 LISP 程序的运行情况。在 Visual LISP 中新增了一些函数，如基于 AutoLISP 的 ActiveX/COM 自动化操作接口，用于执行基于 AutoCAD 内部事件的 LISP 程序的对象反应器；新增了能够对操作系统文件进行操作的函数。

VLISP 程序可以直接保存为"＊.lsp"文件，也可以打包成"＊.vlx"和"＊.fas"文件。VLISP 文件在不同 CAD 版本均可直接加载运行。网上流传很多插件都是使用 LISP 或 VLISP 编写的，VLISP 的主要优势就是简单，可以跨版本运行。一些在 AutoCAD 上开发的 LISP 工具，还可以直接在中望 CAD、浩辰 CAD 等国产 CAD 上直接加载运行。

10.1.3 ADS

ADS 的全名是 AutoCAD development system，它是 AutoCAD 的 C 语言开发系统。ADS 本质上是一组可以用 C 语言编写 AutoCAD 应用程序的头文件和目标库，它直接利用用户熟悉的各种流行的 C 语言编译器，将应用程序编译成可执行的文件在 AutoCAD 环境下运行，这种可以在 AutoCAD 环境中直接运行的可执行文件叫作 ADS 应用程序。ADS 由于其速度快，又采用结构化的编程体系，因而很适合于高强度的数据处理，但跟 C 语言一样，现在已经被更高级的语言所代替，基本很少有软件使用了。

10.1.4 ObjectARX

ObjectARX 是一种崭新的开发 AutoCAD 应用程序的工具，它以 C++为编程语言，采用先进的面向对象的编程原理，提供可与 AutoCAD 直接交互的开发环境，能使用户方便快捷地开发出高效简洁的 AutoCAD 应用程序。ObjectARX 并没有包含在 AutoCAD 中，可在 Autodesk 公司网站上去下载，它能够对 AutoCAD 的所有事务进行完整的、先进的、面向对象的设计与开发，并且开发的应用程序速度更快、集成度更高、稳定性更强。ObjectARX 从本质上讲，是一种特定的 C++编程环境，它包括一组动态链接库(DLL)，这些库与 AutoCAD 在同一地址空间运行并能直接利用 AutoCAD 核心数据结构和代码，库中包含一组通用工具，使得二次开发者可以充分利用 AutoCAD 的开放结构，直接访问 AutoCAD 数据库结构、图形系统以及 CAD 几何造型核心，以便能在运行期间实时扩展 AutoCAD 的功能，创建能全面享受 AutoCAD 固有命令的新命令。ObjectARX 的核心是两组关键的 API，即 AcDb(AutoCAD 数据库)和 AcEd(AutoCAD 编译器)，另外还有其他的一些重要库组件，如 AcRx(AutoCAD 实时扩展)、AcGi(AutoCAD 图形接口)、AcGe (AutoCAD 几何库)、ADSRX(AutoCAD 开发系统实时扩展)。ObjectARX 还可以按需要加载应用程序。使用 ObjectARX 进行应用开发还可以在同一水平上与 Windows 系统集成，并与其他 Windows 应用程序实现交互操作。ObjectARX 是目前大多数复杂 CAD 二次开发软件使用的开发工具。

10.1.5　VBA

VBA 跟 Microsoft Office 中的 Visual Basic for Applications 一样，可利用 VB 开发一些宏程序，它被集成到 AutoCAD 2000 以上版本中。VBA 为开发者提供了一种新的选择，也为用户访问 AutoCAD 中丰富的技术框架打开一条新的通道。VBA 和 AutoCAD 中强大的 ActiveX 自动化对象模型的结合，代表了一种新型的定制 AutoCAD 的模式构架。通过 VBA，我们可以操作 AutoCAD，控制 ActiveX 和其他一些应用程序，使之相互之间发生互易活动。

10.1.6　.NET

.NET 是一种跨平台的编程框架，可以用于编写各种应用程序和插件，包括 AutoCAD 插件。AutoCAD 提供了.NET API，可以访问和操作 AutoCAD 的对象模型和功能。.NET 可以使用 C#、VB.NET 等多种编程语言进行开发。现在国产 CAD，例如浩辰 CAD 和中望 CAD 提供上述所有二次开发接口，.NET 上二次开发的软件全部都可以移植到这些国产 CAD 上，但由于其影响力目前还有限，主动移植的厂商很少，这也限制了这些国产 CAD 在很多行业的推广，这些厂商在寻求合作的同时只能自己开发专业软件，例如浩辰 CAD 就有建筑、水、暖、电、结构、机械等多种专业软件，这些软件可以同时在浩辰 CAD 和 AutoCAD 上运行，说明国产软件的二次开发接口跟 AutoCAD 高度兼容。

几种工具的对比分析如下：

AutoLISP 是 AutoCAD 原生支持的编程语言，语法简单，易于学习和使用。AutoLISP 适用于快速开发小型程序和处理简单的数据结构，例如绘图命令、数据提取和转换等。但是，AutoLISP 不支持面向对象编程，代码的可读性和可维护性较差，不适合开发复杂的程序。

C#是一种强类型、面向对象的编程语言，可以通过.NET API 访问 AutoCAD 对象模型。C#适用于开发大型或者复杂的程序，可以提供更好的可靠性和稳定性，也支持多线程编程和异步编程。但是，相对于 AutoLISP，C#的学习曲线较陡峭，开发效率也相对较低，同时还需要安装 AutoCAD 和.NET Framework 等环境。

VBA 是一种在 AutoCAD 中常用的编程语言，可以通过 VBA 访问 AutoCAD 对象模型。VBA 适用于开发小型程序和自动化脚本等，语法简单易学，但是相对于 C#，VBA 的功能和扩展性较为有限，不适合开发复杂的程序。

综上所述，选择最适合的编程语言需要综合考虑多种因素，包括开发需求、编程经验、开发环境等。在开发小型程序和处理简单的数据结构时，可以使用 AutoLISP 或者 VBA 等语言；在开发大型或者复杂的程序时，可以考虑使用 C#或 Python 等语言。

虽然 AutoLISP 存在诸多限制、功能不够强大的缺点，但是 AutoLISP 的优点非常显著：使用起来非常简单，即使之前没有任何的编程经验，一个完完全全的初学者也可以轻松地创建一个简单的程式，而创建的程式可以帮使用者节省数小时甚至数天的工作时间，使得 AutoCAD 更加高效，让画图的过程少一些无趣。本项目选择 AutoLISP 作为二次开发的工具。

任务 10.2　AutoLISP 简介

10.2.1　LISP 语言的简单介绍

LISP 是一种表处理方式的程序设计语言，由于处理的对象是符号表达式(symbolic expression)，因此也称为符号式语言(symbolic language)。LISP 于 20 世纪 50 年代由 John McCarthy 创立，在几十年的发展过程中产生许多版本，广泛用于人工智能、机器人、专家系统等领域，其中 Common LISP 是近年由美国的几所大学和工业界的研究人员共同研发且比较完善的版本。

美国 Autodesk 公司在 20 世纪 80 年代采用与 Common LISP 最相近的语法，且针对 AutoCAD 增加许多功能，创立 AutoLISP 语言，使用户能对 AutoCAD 进行二次开发，便于工程计算与绘图有机结合，扩大数据的表处理功能和图形的编辑功能。

AutoLISP 是一种以解释方式运行于 AutoCAD 内部的程序设计语言，是一个通用的计算机辅助设计的绘图系统软件，具有完备的数学运算功能和调用 CAD 的绘图功能，可以使设计、计算和绘图融为一体，因此广泛用于机械、建筑、土木工程、测绘工程等领域。对于测绘工程而言，AutoLISP 多用于测量作业中的数字地形测量的机助成图以及工程测量中的计算和图形绘制等。

AutoLISP 语言是一种比较特殊的表结构语言，又称为表处理语言(list processing language)，LISP 代表"表处理语言程序编制"(list processing language programming)。LISP 语言的基本形式为括号中包含若干个元素，形同一个"表"。LISP 表有两种标准表，即函数表和引用表(数据表)，其中绝大部分为函数表。

其内容为：

(函数 [参数 1] [参数 2] …)

一对开圆括号和闭圆括号组成一个"表"，开头必须为一个"函数"，然后为若干个"参数"，总称为"元素"。元素与元素之间(函数与参数之间、参数与参数之间)至少用一个空格分开，表中参数的有无或数量，由函数的性质规定。例如，一个简单的标准表如下，在圆括号中包含一个余弦函数(cos)和一个参数(π)，两者之间有一个空格，组成一个求角度的余弦值的表达式：

(cos PI)——返回值为"-1"

这种表相当于一个求值表达式 $\cos(\pi)$，是 LISP 程序的基本表达形式。表中的参数也

可以是另一个表,称为表的"嵌套结构"。例如,正弦函数(sin)表中的参数为一个除函数(/)的表:

(sin(/ pi 2))——返回值为"1"

除函数是里层的表(/ pi 2),pi 为被除数,2 为除数;正弦函数(sin)是外层的表。表达式运算的先后顺序是先对里层的表求值,得到"π/2";再对外层的表求值,得到"1"。AutoLISP 提供了大量运算功能全面的函数(称为"内部函数"),供用户编程使用。AutoLISP 的"函数"扩大了数学中函数的内涵,除了可以做数学运算的函数以外,举凡文件操作、数值类型转换、CAD 绘图命令等均可作为"函数"。因此,学习 AutoLISP 首要的是了解各种 LISP 函数的功能和使用方法。编制 AutoLISP 程序实际上是对函数的调用,或者说函数是 AutoLISP 语言处理数据的基本工具。因此,AutoLISP 程序是由一个或多个依次排列或多层嵌套的表组合而成的。执行 AutoLISP 程序就是调用一些函数,这些函数可以再调用其他一些函数,也就是在对各个函数求值过程中实现函数的功能,进而实现程序的计算和绘图功能。

Visual LISP 是 Autodesk 公司于 1997 年推出的为加速 AutoLISP 程序开发而设计的软件开发工具,是新一代的 AutoLISP 语言,兼容以前的 AutoLISP 语言并扩展其功能。其新功能主要有:

(1)完备的语法检查功能,能识别语法错误和函数的非法参数输入。程序中以字符的颜色区分表中元素的类别,例如:对于键入一个内部函数,自动显示为蓝色字符;如果其中有一个字符输错了,则函数的字符自动显示为黑色(自定义函数才是黑色),作为警示。

(2)有符号名查找和自动匹配功能,例如,变量的标识符能自动地前后统一。

(3)有功能完备的源程序调试器,预报编程中的语法错误,例如,有非法参数(不是该函数所规定的参数)、缺少参数、括号不配对等均能明确指出。

(4)有语言格式化器,例如颜色区分、规范程序的结构等,增强了程序的可读性。

(5)有综合检验器和监视跟踪功能。

(6)有完整的文件编译器,能提高程序的运行速度,改善程序的安全性。

10.2.2 LISP 的编写、保存与加载

1. 编写 AutoLISP 程序

AutoLISP 代码可以在任意的文本编辑器中创建,如 Windows 自带的 notepad(记事本)、writepad(写字板),以及常用的 notepad++、UltraEdit 和 EditPlus 等都可以作为 LISP 程序的编写工具。AutoCAD 也提供了 Visual LISP 编辑器,支持语法高亮,调试编译。打开 Visual LISP 编辑器(见图 10-1)的方式:

(1)AutoCAD 2008 及之前的版本,在菜单栏"工具"下面选择"AutoLISP"→"Visual LISP 编辑器"。

(2)AutoCAD 2009 及之后的版本,在功能区的"管理"选项卡里可以直接打开 Visual LISP 编辑器。

(3)在命令行中输入"VLISP"命令,打开 VLISP 编辑器。

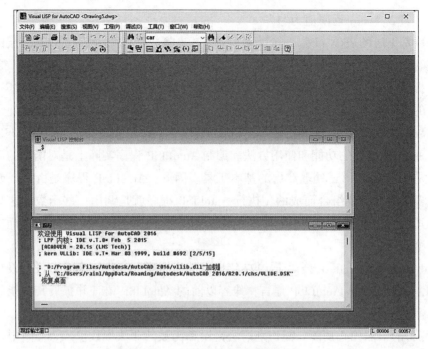

图 10-1　Visual LISP 编辑器界面

在 VLISP 编辑器中,利用"新建文件"命令(见图 10-2)可以编写 AutoLISP 程序。

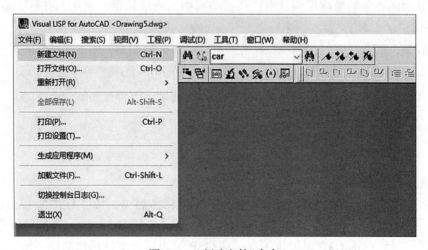

图 10-2　"新建文件"命令

例如,编写一个简单的程序,用于绘制一个正方形:
(defun c：square(/ pt1 pt2 pt3 pt4 len)
(setq pt1(getpoint "Lower left corner："))

(setq len(getdist "Length of one side:"))
(setq pt2(polar pt1 0.0 len))
(setq pt3(polar pt2(/ pi 2.0)len))
(setq pt4(polar pt3 pi len))
(command "pline" pt1 pt2 pt3 pt4 "C"))

在 VLISP 编辑器中，将上述程序复制粘贴进去，保存为"square.lsp"文件，如图 10-3 所示。

图 10-3　保存 LISP 文件

2. 加载 AutoLISP 程序

程序在 AutoCAD 中，使用"APPLOAD"命令加载 AutoLISP 程序。在命令行中输入 "APPLOAD"命令，打开"加载/卸载应用程序"对话框(见图 10-4)，选择保存好的 "square.LSP"文件，点击"加载"按钮，在弹出的"文件加载-安全问题"对话框(见图 10-5) 上点击"加载"，完成程序的加载(见图 10-6)。

3. 运行 AutoLISP 程序

在 AutoCAD 中，在命令行中输入"SQUARE"命令，按下回车键，按照程序提示输入左下角点和边长，即可完成正方形的绘制。

图 10-4 "加载/卸载应用程序"对话框

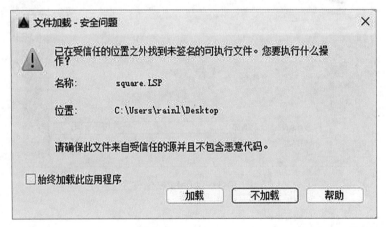

图 10-5 加载提示

图 10-6 加载成功后命令行提示

10.2.3 LISP 语言的数据类型

AutoLISP 的数据类型，除了一般程序设计语言的整型、实型、逻辑型、字符串等数据类型以外，还有表、函数、图元名、选择集等数据类型。

1. 整型

整型数是 32 位带符号的整数，正号(+)可省略。

2. 实型

实型数是带有小数点的数值，小数点前的零(0)不能省略。例如 0.618 不能写成 .618。实型数用双精度表示，并且至少有 14 位的精度。

3. 字符串

字符串又称字符常数，是双引号内的字符序列，大小写字母、数字、符号、空格都有意义，例如"BASIC""输入文件名"等。字符串可以为空串(" ")，即不包括任何内容。

4. 表

表由一对括号中包含的若干元素组成，各元素之间至少置一空格，元素的排列是有序的(即不可随意调换其次序)。最外层的表中元素的个数，称为表的长度。元素的个数不限，也可以没有元素(即空表)。元素也可以是另一个表。例如：

(+ 12 13)、(setq x 0.36)——表中各有 3 个元素，其长度为 3；

(sin(/ PI 2))——表中有 2 个元素，长度为 2，第 2 个元素为另一个表；

(1.2 2.4)——纯数字的表称为数表，长度为 2，可代表一个 z=1.2、j=2.4 的二维点；

(3.6 4.8 5.2)——长度为 3，可代表一个 X=3.6、Y=4.8、Z=5.2 的三维点；

((1.2 2.4)(0.3 5.1)…)——表中元素是另一个表，代表一个包含若干二维点位的数组。

LISP 程序的一切数据输入、输出、操作、运算、绘图均通过表及其函数来完成。

5. 函数

函数是 AutoLISP 语言中应用最广泛的操作运算代码，一般列为表中第一个元素。例如四则运算符("*""/")，三角函数(sin、cos)，关系符("<"">"">=")，流程控制关键字(if、while、repeat)，绘图命令(command)等，可以进行操作和运算的都称为函数。由 AutoLISP 语言规定其功能的函数称为内部函数(或称为关键字、保留字)，由用户自行编制的函数称为自定义函数(defun，即 definite function)，或称为子程序或程序。自定义函数的命名应避开内部函数名。

6. 图元名

图元名(entity name)是 AutoCAD 针对图形对象指定的十六进制的数字标识符。AutoLISP 通过标识符可在图形数据库中找到该图形对象(图元)，以便进行访问或编辑。用户对图形对象也可另行命名自己指定的标识符，便于自己识别。

7. 选择集

选择集是多个图形对象命名的集合，通过 AutoLISP 建立选择集或向指定的选择集添加或移去图形对象,还可以对其内部指定的成员进行访问或编辑。

10.2.4 LISP语言的变量

1. 变量的标识符

标识符(symbol)作为变量或函数的命名,一般由英文字母(大、小写等价)、数字或中间加下划线符号("_")等字符组成,字符个数(标识符长度)不受限制,但长度大于6个字符时会增加储存单元。标识符的命名应避免与内部函数的名称相同,否则会改变内部函数的性质。

2. 变量的数据类型

AutoLISP语言不需要在变量赋值前对其进行类型说明(而多数计算机语言,这都是必需的),变量被赋予的值的类型即为变量的类型。同一变量在程序不同的运行阶段可以赋予不同类型的值。用type函数可以了解变量的类型。

3. 预定义标识符

AutoLISP对下列4个标识符nil、T、Pause、PI进行预定义,在编写LISP程序时可直接使用,但自定义函数名不应与之同名。

(1)nil——如果变量未赋值,其值为排1。如果将某变量赋值为nil,则表示取消该变量原有的值,并释放储存空间。如果逻辑变量的值为近1,表示不成立,相当于其他语言的false。

(2)T——作为逻辑变量的值,T表示成立,相当于其他语言的true。

(3)Pause——Pause与绘图命令函数command配合使用,使程序暂停等候用户的输入。

(4)PI定义为常量π(圆周率)。

4. 显示变量的值

当AutoLISP程序运行后,在AutoCAD屏幕的命令提示区键入"!"及已赋值变量的标识符,可显示变量的值。如果显示nil,则表示该变量尚未赋值。这在检查程序的运行情况(例如检查发生错误之处)时很有帮助。

10.2.5 LISP语言的表达式

1. 表达式的构成

AutoLISP的处理对象是符号表达式,简称表达式,相当于其他语言中的语句。AutoLISP的表达式以"表"的形式存在,包含若干元素,其格式如下:

(函数[参数1][参数2]…)

每个表达式以左圆括号开始,第一个函数必须是函数名,随后是各个参数,参数的有无或多少由函数的性质规定,最后以右圆括号结束。每个参数也可能是另一个表达式,称为表达式的嵌套或表的嵌套。例如,三角形中已知一边(c)和两角(α,β),求另一边的公式:

$$b = c\frac{\sin\beta}{\sin(\alpha+\beta)}$$

AutoLISP 的表达式为具有 5 个层次的表：

(setq b(* c(/(sin beta)(sin(+ alfa beta)))))

2. 表达式的求值规则

每一个表达式必能返回一个值，每一个内层表达式返回的值，都能被外层表达式所使用。因此，一个多层次表达式的执行是从外到内的层层调用，而其求值过程是从内到外的层层求值，最后得到一个最外层表达式的值。例如，上列计算边长的表达式(setq b(* c(/(sin beta)(sin(+ alfa beta)))))共有 5 个层次，其求值过程为：①和函数(+ alfa beta)求值，得到 α、β 两角之和；②正弦函数底由(sin beta)，(sin(+ alfa beta)分别求值；③除函数(/(sin beta)(sin(+ alfa beta)))求值；④乘函数(* c(/(sin beta)(sin(+ alfa beta))))求值；⑤赋值函数(setq b(* c(/(sin beta)(sin(+ alfa beta)))))求值，最后得到所求的三角形另一边长。

"值"的含义很广，可以是数值、数表、字符串、逻辑值和操作符等。例如导线测量中方位角推算时，如果算得的方位角值(azim)小于零，则应加 360°(2π)，其表达式为：

(if(< azim 0.0)(setq azim(+ azim PI PI)))

其中，关系运算函数(< azim 0.0)表示一个关系式"azim<0.0"，如果关系式成立，则返回逻辑值 T(真)；如果关系式不成立，则返回逻辑值 nil(假)。条件判断函数(if …)如果获得逻辑值 T，则向后续的赋值函数(setq azim(+ azim PI PI)求值(将原有的 azim 加 2π)。

引用函数仅用于数表(引用表)，表示不对表求值，而只是整体引用。

例如：(setq Pl'(xl yl)P2'(x2 y2))

其中，(xl yl)，(x2 y2)为代表二维点位的数表，'(xl yl)，'(x2 y2)表示对数表的整体引用，赋值给变量 P1，P2。

任务 10.3　AutoLISP 在测绘中的应用

10.3.1　LISP 函数

LISP 函数具有各种数学运算、指令、判断和说明功能，函数运算的结果能返回各种"值"(数值、逻辑值、操作符、字符等)或调用 CAD 绘图命令。函数的格式是以"表"的形式存在的，并遵照下列规定：

(函数名　规定参数 1　规定参数 2 …　[可选参数 1　可选参数 2…])

函数名与各个参数之间都需要至少有一个空格。"规定参数"是对于该函数必不可少的参数，方括号中的可选参数为可有可无的参数，省略号"…"表示参数的个数不限。例如：

（sin 0.516）——"sin"为正弦函数，0.516为以弧度表示的角度值，是唯一的规定参数，函数返回的值为实数0.49340；

（+ 10 20 30 40）——"+"为和函数，取各个参数之和，前两个参数为规定参数，以后各个参数均为可选参数，此例由于参数都是整数，故函数返回的值为整数100；

（entlast）——"entlast"为取出图形数据库中最后一个图元代码的函数，它不需要任何参数，返回该图元的图元名（内部代码）；

（princ）——"princ"为输出函数，指定输出某一个值，但也可以不给参数，用于程序的"静默退出"（程序结束时不输出任何值）。

1. 数值计算函数

和函数的格式为：（+ 数 数[数 …]）

差函数的格式为：（- 数 数[数 …]）

乘函数的格式为：（* 数 数[数 …]）

除函数的格式为：（/ 数 数[数 …]）

求余函数的格式为：（rem 数 数[数 …]）

取整函数的格式为：（fix 数）

绝对值函数的格式为：（abs 数）

幂函数的格式为：（expt 数 数）

平方根函数的格式为：（sqrt 数）

正弦函数的格式为：（sin 角度）

余弦函数的格式为：（cos 角度）

对数函数的格式为：（log 正数）

最大值函数的格式为：（max 数 数[数 …]）

2. 赋值函数

赋值函数的格式为：（setq 标识符 表达式[标识符 表达式] …）

赋值函数（setq，即set quantity）相当于其他语言中的赋值语句。标识符代表各种类型的变量。表达式包括数、字符串、各种函数。赋值函数的功能是将表达式的值赋给变量标识符。可以对各个变量标识符连续赋值。对变量标识符不需要事先做类型说明，赋给的值的类型即为变量标识符的类型。例如：

（setq A 0.618）——数值0.618赋给变量A，A的类型为实型；

（setq A 0.618 B 120）——连续对变量A，B进行赋值，A为实型，B为整型；

（setq C "BASIC"）——字符串BASIC（用双引号）赋给变量C，C为字符型；

（setq P PI）——常量π（=3.14159…）赋给变量P，P为实型；

（setq dx（* d（cos a）））——将包括余弦函数及乘函数的表达式的值赋给变量dx；由于cos（a）的值为实型，不论d的类型为实型或整型，其乘积dx的类型均为实型。该赋值函数相当于BASIC语言的赋值语句：dx=d*cos（a）。

3. 交互输入函数

AutoUSP程序运行中需要用户输入一些数据（数值或字符），其方法有从文件输入和交互输入。前者适用于大量已知数据的输入，后者适用于少量已知数据的输入，或程序执行过程中需要视情况而定的数据输入。交互输入为用户从屏幕命令行用键盘输入，输入后返回输入的值。为了明确需要输入的内容，可以附有提示符。交互输入函数一般与赋值函数连用，将输入函数返回的值用赋值函数赋给某个变量。以下为常用的输入函数：

整数输入函数的格式为：(getint [提示符])。

实数输入函数的格式为：(getreal [提示符])。

字符输入函数的格式为：(getstring [提示符])。

点输入函数的格式为：(getpoint [提示符])。

文件选取函数的格式为：(getfiled [提示符] "路径" "扩展名" 文件特征参数)。

其功能为在设定文件目录的路径、文件类型(扩展名)和文件特征的条件下，便于在文件目录对话框中找到所需要的文件。例如，对变量 file 赋值一个已经存在的文件名，以便进一步对指定的文件进行某种操作：

(setq file(getfiled " \n 指定点位数据文件:" "e：/" "txt" 0))

(setq f(open file "r"))

上列第一句为指定打开 e 盘的目录对话框(e：/)，并列举其中的文本文件(扩展名为.txt)，文件特征参数一般设置为"0"，此时可用光标在文件目录中选取所需要的文件；第二句中标识符 f 代表打开这个文件并指定其操作为读取数据(r——read)。

4. 几何运算函数

常用的几何运算函数有：

方位角运算函数的格式为：(angle 点1 点2)；

距离运算函数的格式为：(distance 点1 点2)；

极坐标法运算函数的格式为：(polar 起点 方位角 距离)；

交点运算函数的格式为：(inters 点1 点2 点3 点4 [nil])。

5. 关系运算函数

在条件表达式中，数学条件的组成需要有关系符"="">""<"">="等。关系运算函数的功能是按关系符及参数，判断关系式中的数学条件是否成立；条件成立时，函数返回 T(真)；条件不成立时，函数返回 nil(假)。数的大小按数的自然序列，字符的大小按字符的 ASCII 代码的数字序列。

6. CAD 命令函数

AutoCAD 的所有绘图命令都可以作为 AutoLISP 的函数，使 AutoLISP 程序的运算和 AutoCAD 的绘图功能完全结合起来，使设计、计算和绘图融为一体。CAD 命令函数的格式为：

(command "AutoCAD 命令" 命令所需要的参数 "")

在学习 AutoLISP 之前，一般对于 AutoCAD 命令屏幕操作的各种菜单、图标快捷键和参数提供的中文提示已应有所掌握。但是对于 AutoLISP 编程，CAD 绘图命令函数中的 "AutoCAD 命令"均用英文表示，也没有"命令所需要的参数"的提示(按何种次序提供何种参数)。因此，在 AutoLISP 编程中应用 CAD 命令函数时，可以先在 AutoCAD 绘图屏幕用相应的绘图菜单(包括子菜单)或图标快捷键演示一次，可以在屏幕提示区获得英文的 AutoCAD 命令以及命令所需参数的提供方法和次序。参数中代表各种意义的规定字符串应包括在引号内，代表变量的标识符则不用引号，函数中最后的空引号代表"回车"。由于 AutoCAD 的各种版本的若干绘图命令中提供的参数存在微小的差别，因此在写 AutoLISP 程序的绘图函数时应顾及所用 AutoCAD 的版本。CAD 命令函数十分丰富，以下只分类介绍一些代表性的 CAD 命令函数的应用。

几何作图命令函数：

画点函数的格式为：

(command "point" 点 ["point" 点 …] "")

画直线函数的格式为：

(command "line" 点 点 [点…] ["c"] "")

画矩形函数的格式为：

(command "rectang"第一角点 第二角点)

画圆函数中的参数，根据所画圆的依据不同有不同的规定。

根据圆心点和半径作圆的函数的格式为：

(command "circle"圆心点 半径)

根据三点作圆的函数的格式为：

(command "circle" "3p" 点 点 点)

根据直径两端点作圆的函数的格式为：

(command "circle" "2p" 直径端点 直径另一端点)。

根据两个相切图元和半径作圆的函数的格式为：

(command "circle" "T" 相切图元 另一相切图元 半径)

画圆弧主要有两种方法：按三点画圆弧或按圆心点和圆弧两端点画圆弧。

画圆弧函数的格式为：

(command "arc"圆弧起点 圆弧上任意点 圆弧终点)

(command "arc" "c"圆心点 圆弧起点 圆弧终点方向上任意点)

画多段线函数的格式为：

(command "pline"点 ["线段参数"] 点 ["线段参数"] … ["c"] "")

7. 自定义函数

以上所述的各种函数均为 AutoLISP 的内部函数，是测绘工程计算和绘图中常用的部分。为了地形图测绘和工程测量的计算和绘图的需要而编制的 AutoLISP 程序，还需要开发一些由用户自己定义的函数，称为自定义函数或用户函数。自定义函数的作用相当于其他高级语言中的子程序。针对某一方面计算与绘图功能完备的自定义函数，即为一个 AutoLISP 程序。在自定义函数中，其参数也可以自由设置，对于某一类图形，可以将某些参数设置为变量，改变这些变量的值可以绘制同一类型但不同规格的图形，称为参数化绘图。例如，在地形绘图中绘制某一类型的地物和地形图符号，在建筑绘图中绘制某一类建筑物构件。

自定义函数的格式为：

(defun 函数名([形式参数][/局部变量]) 表达式 …)

函数中的"函数名"为用户设定的名称，但不能与内部函数的名称相同，以免改变内部函数的性质。自定义函数如果作为子程序使用，函数名即为子程序名；如果作为开发的程序使用，则在函数名前加"c："，表示该自定义函数在 AutoCAD 中经过对自定义函数（程序）的文件加载后，可以用命令方式执行该程序。其格式为：

（defun c：函数名（[形式参数][/局部变量]）表达式 …）

"形式参数"和"局部变量"是可选参数，和在其他高级语言子程序中使用的目的相同，前者为了子程序使用的广泛适应性，后者为了节省内存空间，两者的另一个作用为确保函数中的变量不受其他应用程序的影响。"表达式"的个数不限，为函数功能的实际体现。以下自定义函数的格式都是正确的：

（defun f1(x y z / a b c …)）——f1 为函数名，x，y，z 为形式参数，a，b，c 为局部变量；

（defun f2(/ a b c)）——函数名为 f2，没有形式参数，a，b，c 为局部变量；

（defun f3( )…）——函数名为 f3，没有形式参数和局部变量；

（defun c：ff( )…）——函数名为 ff，前缀 c：表示可以从 AutoCAD 命令行调用此函数，没有形式参数和局部变量。

比如在 Visual LISP 编程语言中尚缺少将数表中元素按序号进行代换的函数，这对于数学模型中的数组运算造成困难。为此，设计自定义函数"substi"（子程序 substi 再调用另一子程序 cycle）。程序编制如下：

（defun cycle( )   ；将表中第一个元素放到最后的子程序（cycle——轮转）
　（setq tempo(nth 0 1st)）   ；将表（1st）中第一个元素暂存于 tempo（temporal）
　（setq 1st(cdr 1st)）   ；删去第一个元素
　（setq 1st(reverse 1st)）   ；倒表
　（setq 1st(cons tempo 1st)）   ；将 tempo 插入倒表开首
　（setq 1st(reverse 1st)）   ；再一次倒表，即将第一个元素放到最后（轮转）
）；End cycle

（defun substi(1st n i new)；用轮转法将指定序号的元素代换为新元素（换元）的子程序；其中形式参数：n 为数表 1st 元素的个数，将第 i 个元素，用新元素 new 代换

　（repeat i(cycle)）   ；调用子程序 cycle 将表中元素轮转 i 次，序号 i 的元素放在表首
　（setq 1st(cdr 1st)）   ；删去表中第一个元素
　（setq 1st(cons new 1st)）   ；换以新值 new
　（repeat(-n i)(cycle)）   ；再次调用子程序 cycle 将表中元素轮转 n-i 次，恢复原有次序
　（setq nlst 1st)；代换后的新表为 nlst
）；End substi

函数命名规则如下：

AutoLISP 通过符号来引用数据。符号名不区分大小写，可以由字母、数字和标注符号（除符号(、)、。、'、"、；以外）的任何序列组成。符号名不能仅由数字组成。这里所说的"符号"包括函数名、参数名和变量名。需要说明的是，AutoLISP 函数名和变量名使用同一个命名空间（部分其他的 LISP 语言函数和变量使用不同的命名空间），也就是说，变

量和函数重名时会冲突，后面定义(赋值)的会替代前面的。可以看出，AutoLISP 的命名规则是很"宽松"的，除常见的用字母、数字命名外，如 abc_1、+3+、xd：：abc、<3 这些看似怪异的名字都是合法的。即便如此，也有些看似合法的名字是不能使用的，主要有：系统的内部函数名，如 prine、car 等；系统保留的常量名或其他符号，如 pi、t、nil、pause、^C 等；系统中有其他解释的符号组合，如 1e2(科学计数法)+3、-2(数值)。其他一些用于表达方向的字母(N、S、E、W)及表达角度的字母(r、g、d)等在某些时候也会产生意想不到的错误，所以，在使用的时候应该谨慎。因为 AutoLISP 对多字节字符的支持不是太好，所以，虽然理论上可以使用汉字来作为函数名(或变量名)，但实际上还是应该尽量避免的，否则可能会出现无法预料的错误。一些特殊的表达方式在 AutoLISP 中有特殊的含义，这些包括前缀"c："和函数名"s：：startup"，前者表示定义了一个外部函数，而后者则定义了一个自动执行函数。我们用"c：3"来定义一个外部函数，使用命令"3"来执行，看起来这不符合规则，似乎使用了数字"3"来作为函数名，其实不然，函数名是"c：3"。可以看出 AutoLISP 中(或者说是 AutoCAD 中)命令名是有独立空间的。即便如此，不建议这样用，一般说来，函数、变量，尤其是命令的命名应该能表达某种意义，向使用者和阅读者传递某种相关的信息，而过度简单且不能引起联想的纯数字是无法承载这个任务的。

除非声明成局部变量，否则函数一经定义并加载，函数会驻留在 AutoCAD 的内存中，不同程序的同名函数会相互干扰，造成程序不可用或结果错误，因此，在函数的命名时，也应考虑不同程序间函数的相互避让。从以上意义上讲，建议使用"程序名(或部分字母)+特殊字符+函数名"这种命名方式，如"ca_main""tr：trans"等。

10.3.2 LISP 流程控制

流程控制是指程序按顺序执行过程中，需要设置某一部分的分支或循环。两者都改变了顺序进行的方向，故称为流程控制。程序执行时的分支流程如果是按一定的条件设定的，则称为条件流程控制；因为 LISP 语言中没有"句号"和"Goto 语句"，遇到有流程转向的需要时，可以用条件流程控制来完成。程序执行时的循环流程，必须有循环次数的控制或条件限制，故称为循环流程控制。条件流程控制和循环流程控制在程序中均可以嵌套设置，即条件中还可以包含其他条件，循环中还可以包含另一次循环(多重循环)。此外，主程序调用子程序也是属于分支流程，因此，一个主程序设置若干子程序也是属于流程控制的方法之一，称为子程序流程控制，而且子程序也可以嵌套，适当的子程序设置可以增加编程的灵活性和程序的可读性。

1. 条件控制流程

1) 条件分支控制流程

条件分支的流程决定于条件判断函数中"条件判断式"后的"表达式"。其格式为：
(if 条件判断式 表达式1[表达式2])

"表达式1"和"表达式2"为两个分支流程。如果仅有"表达式1"，则为单分支流程，条件判断式返回 T 则执行表达式1，否则停止执行分支流程；然后恢复程序的按顺序运行。如果有表达式1和表达式2，则为双分支流程，条件判断式返回 T 则执行表达式1，否则执行表达式 2。

2) 多条件分支控制流程

多条件分支控制流程中有多个条件判断式,各个条件判断式后仅容许一个表达式。例如,按坐标增量计算方位角按多条件分支控制流程的函数式为:

(setq Azm(cond ((and(= dx 0)(> dy 0))(/ PI 2))
               ((and(= dx 0)(< dy 0))(/ PI 2)3))))
(setq R(atan(/ dy dx)))   ;计算两点连线的象限角 R
(setq Azm(cond ((and(> dx 0)(> dy 0))R)   ;第一象限,象限角即为方位角
               ((and(< dx 0)(> dy 0))(+ R PI)   ;第二象限,Azm = R+π
               ((and(< dx 0)(< dy 0))(+ R PI)   ;第三象限,Azm = R+π
               ((and(> dx 0)(< dy 0))(+ R PI PI);第四象限,Azm = R+2π
); End cond
); End setq Azm

3) 条件表达式中的持续函数

较为复杂的条件表达式在每一个条件分支流程中,如果表达式不止一个,则需要用持续函数(progn)作为"大括弧"将其打包。其格式为:

(if 条件判断式(progn 表达式 1 表达式 2 …)[(progn 表达式 1   表达式 2 …)])

条件如果成立则执行第一个持续函数中的各个表达式,否则执行第二个持续函数中的各个表达式。

2. 循环流程控制

1) 定量循环

定量循环的流程控制用于程序中指定次数的循环运算,如从文件中的数据读入、数组的建立和运算、数组数据的输出等。例如,用定量循环函数从点的坐标数据文件中按行读入字符串,行数加为已知,每一行为各点的三维坐标(x, y, z),每一坐标值各占 10 个字符(数字和小数点);读入后将各个坐标值分离并转换为实数,建立点表,组成点集:

(setq ptset nil)
    (repeat m(setq line(read-line f))
    (setq x(ato £ (substr line 1 10))
    (setq y(atof(substr line 11 10))
    (setq z(atof(substr line 21 10))
    (setq p(list x y z))
    (setq pset(cons p pset))
); End repeat

2) 条件循环

当需要循环计算的次数无法预知时,可以用条件循环函数。这对于测绘工程中需要迭代计算的场合,非常适用。

3) 多重循环

测量工程的观测中存在多次观测的情况，这时必须进行平差计算，其中在方程式解算程序中常用到多重循环的流程控制。LISP 语言由于只能以"数表"代替其他语言中的"数组"，故在应用多重循环时有其特殊性。

10.3.3 使用 LISP 绘制典型地物

1. 地形测量数字成图与地形点编码

随着科学技术的进步、电子计算技术的发展以及电子测量仪器的广泛应用，逐步形成了地形测量的自动化和数字化。在地形图机助成图中，可直接利用 AutoCAD 绘图命令，例如绘制具有固定形式的地形图图式，建立图式符号库，连接地形点之间的线条等；但主要是用 AutoLISP 语言对 AutoCAD 进行二次开发，编制专用程序来完成地形绘图任务，例如，原始观测数据向绘图数据的转换，地形点展绘与初步连线，各种线型符号的绘制，等高线地形图的绘制，城市地形三维模型建立等。

在数字化成图中，测定地形点后的成图过程主要由计算机软件自动完成。因此，在数字测图中，对于点的描述必须赋予三类信息，才能完成自动成图的工作，即：①点号；②点的三维坐标；③点的属性，包括点的分类信息和连线信息等。

数字成图所需的描述点的三类信息中，点号和点位坐标可用全站仪等测量仪器在外业测量中直接获得。根据点号可以自动提取点的坐标。地形点的属性可以用地形编码表示，由观测者在测量现场输入观测记录。地形点编码的形式一般为：

分类码+线条码+其他编码

分类码是表示地形点类别的编码，线条码是表示地形点与地形点之间的连线关系和线条种类的编码，这两种编码是必需的。根据分类码中的信息，可以自动将地形点分层存储或调用相应的图式符号。根据线条码中的连线编码，可以自动用指定的线条（直线、圆弧、样条曲线）和线型（实线、各种虚线和点画线等）在点与点之间连线。该编码缺省时，则为独立的点或为待进一步处理的点。其他编码为对地形点可能需要的其他描述。

2. LISP 线型符号绘制

1）直线围墙符号绘制

直线围墙符号按其在图上的宽度分为宽度依比例尺画和不依比例尺画两种，此处介绍宽度按比例尺画。《图式》规定：小黑方块的分布间距不论何种比例尺均为 10 mm，小黑方块一般朝向围墙院内。观测点位一般在围墙院外，规定直线的起点在左手方向，直线的终点在右手方向。据此，设计画直线围墙符号的自定义函数，文件命名为"wq.lsp"。

```
(defun c：wq()
(setq PB(getpoint "\n 围墙起点："))         ；输入起点的坐标或捕捉点位
(setq PE(getpoint "\n 围墙终点："))         ；输入终点的坐标或捕捉点位
(setq K(getreal "\n 围墙实地宽度(m)="))     ；输入围墙实地宽度(m)
(setq S(getreal "\n 绘图比例尺="))          ；1：1000 输入 1.0，1：500 输入 0.5
```

```
(setq A(angle PB PE))                              ;按起点、终点坐标反算墙的方位角
(setq D(distance PB PE))                           ;按起点、终点坐标反算围墙的长度
(setq Al(+ A(/ PI 2)))                             ;计算围墙垂直方向的方位角
(if(< Al 0)(setq Al(+ Al(* PI 2))))
(setq PB1(polar PB Al K)PE1(polar PE Al K))        ;围墙平行线按宽度计算两端点
(command "line" PB PE "")                          ;画围墙平行线并封闭两端
(command "line" PB1 PE1 "")
(command "line" PB PB1 "")
(command "line" PE PE1 "")
(setq DM 0)                                        ;DM 为起点至某分节的长度
(while(< DM D)
(command "pline" PM "W"(* 0.5 S)"" PM1 "")         ;画围墙分节小方块
(setq DM(+ DM(* 10 S)))                            ;算起点至分节的长度
(setq PM(polar PB A DM)PM1(polar PM Al(* 0.5 S)))) ;计算分节点两端坐标
)                                                  ;结束循环
(princ)                                            ;静默退出
)                                                  ;程序结束
```

2)圆弧形围墙符号绘制。

圆弧形围墙符号按其在图上的宽度分为宽度依比例尺画和不依比例尺画两种,此处介绍宽度按比例尺画。根据两点的坐标,两点间的方位角和距离可以用方位角运算函数(angle)和距离运算函数(distance)求得,各个角可以根据各边方位角之差求得,各个圆心角可以根据弧长或弦长与半径求得,圆心点 C 和图式单元作图所需的半径端点的坐标可以用极坐标法运算函数(polar)求得。

```
(defun c:ywqw-2()
(setq PB(getpoint "\n 指定墙外圆弧起点:"))         ;输入圆弧起点坐标或捕捉点位
(setq PM(getpoint "\n 指定墙外圆弧中点:"))         ;输入圆弧中点坐标或捕捉点位
(setq PE(getpoint "\n 指定墙外圆弧终点:"))         ;输入圆弧终点坐标或捕捉点位
(setq W(getreal "\n 墙实地宽度(m)= "))             ;输入围墙实地宽度(m)
(setq S(getreal "\n 绘图比例尺= "))                ;1:1000 输入 1.0,1:500 输入 0.5
(setq D(distance PB PE))                           ;按坐标反算起点、终点的距离和方位角
(setq Al(angle PB PM)A2(angle PB PE)A3(angle PE PB)A4(angle PE PM))
(setq FB(-Al A2)FE(-A3 A4)PI2(* PI 2))
(if(< FB 0)(setq FB(+ FB PI2)))                    ;求 PB 和 PE 点的圆周角
(if(< FE 0)(setq FE(+ FE PI2)))
(setq F(+ FB FE))
(setq R(/ D(*(sin F)2)))                           ;求全弧所对圆心角之半径
```

```
(setq Fl(-(/ PI 2)F)AB(-A2 Fl))                          ;求圆弧之半径
(if(< AB 0)(setq AB(+AB PI2)))
(setq C(polar PB AB R))                                   ;求圆心之点位
(setq AM(angle PM C)AE(angle PE C))       ;求 PM 和 PE 至圆心之方位角
(setq PB1(polar PB AB W))                                ;计算墙内圆弧起点
(setq PM1(polar PM AM W))                                ;计算墙内圆弧中点
(setq PE1(polar PE AE W))                                ;计算墙内圆弧终点
(command "arc" PB PM PE "")(command "arc" PB1 PM1 PE1 "")  ;画墙内外圆弧
(command "line" PB PB1 "")(command "line" PE PE1 "")   ;双线圆弧两端封闭
(setq DF(/(* 10 S)R))                                 ;求一个分段弧所对圆心角
(setq FF 0 AO(angle C PB))                              ;圆心角初值赋零
(while(<(+ FF DF)(* F 2))
(setq FF(+ FF DF)AP(-AO FF))
(setq PP(polar C AP R))                              ;计算小方块两端点坐标
(setq pp1(polar C AP(-R(* 0.5 S))))
(command "pline" PP "w"(* 0.5 S)"" PP1 "")           ;画 0.5×0.5 小方块
)                                                            ;结束循环
(princ)                                                      ;静默退出
)                                                            ;程序结束
```

思考题

1. AutoCAD 二次开发的常用软件有哪些？各有什么特点？
2. AutoLISP 的编写方法是什么？
3. AutoLISP 的保存方法是什么？
4. AutoLISP 的加载和使用如何操作？
5. AutoLISP 的常用函数有哪些？
6. AutoLISP 的流程控制方法是什么？

参 考 文 献

[1] 徐宇飞. 数字测图技术[M]. 郑州：黄河水利出版社，2005.
[2] 崔书珍. 数字测图[M]. 北京：机械工业出版社，2016.
[3] 李京伟，周金国. 无人机倾斜摄影三维建模[M]. 北京：电子工业出版社，2019.
[4] 麻金继，梁栋栋. 三维测绘新技术[M]. 北京：科学出版社，2018.
[5] 卢满堂. 数字测图[M]. 北京：中国电力出版社，2007.
[6] 潘正风，杨正尧，等. 数字测图原理与方法[M]. 武汉：武汉大学出版社，2004.
[7] 孙雪梅. 数字测图技术[M]. 郑州：黄河水利工业出版社，2012.
[8] 王正荣. 数字测图[M]. 郑州：黄河水利工业出版社，2012.
[9] 杨德麟. 大比例尺数字测图的原理方法与应用[M]. 北京：清华大学出版社，1998.
[10] 中华人民共和国国家标准(GB/T 20257.1—2017)：1∶500，1∶1000，1∶2000 地形图图式[S]. 北京：中国标准出版社，2017.
[11] 中华人民共和国国家标准(GB/T 14942—2017)：1∶500，1∶1000，1∶2000 外业数字测图规程[S]. 北京：中国标准出版社，2017.
[12] 中华人民共和国国家标准(GB/T 14942—2017)：1∶500，1∶1000，1∶2000 外业数字测图规程[S]. 北京：中国标准出版社，2017.
[13] 中华人民共和国行业标准(CB/T 18315—2001)：数字地形图系列和基本要求[S]. 北京：中国标准出版社，2001.
[14] 中华人民共和国行业标准(GB/T 18316—2008)：数字测绘成果质量检查与验收[S]. 北京：中国标准出版社，2008.
[15] 潘正风，杨正尧，成枢，等. 数字化测图原理与方法[M]. 2 版. 武汉：武汉大学出版社，2014.
[16] 赵景亮，李志刚. AutoCAD2004 与 AutoLISP 二次开发技术[M]. 北京：清华大学出版社，2004.
[17] 李学志. Visual LISP 程序设计(AutoCAD 2006)[M]. 北京：清华大学出版社，2006.
[18] 郭秀娟. AutoLISP 语言程序设计[M]. 北京：化学工业出版社，2008.
[19] 王玉琨. CAD 二次开发技术及其工程应用[M]. 北京：清华大学出版社，2008.
[20] 周乐来，马婧. AutoCAD2008 Visual LISP 二次开发入门到精通[M]. 北京：机械工业出版社，2008.